陕西延安黄龙山褐马鸡
国家级自然保护区野生植物图谱

李登武　马宝有　著

西北农林科技大学出版社

图书在版编目（CIP）数据

陕西延安黄龙山褐马鸡国家级自然保护区野生植物图谱 / 李登武, 马宝有著. -- 杨凌 : 西北农林科技大学出版社, 2021.12

ISBN 978-7-5683-1073-4

Ⅰ. ①陕… Ⅱ. ①李… ②马… Ⅲ. ①自然保护区－野生植物－延安－图集 Ⅳ. ①Q948.524.13-64

中国版本图书馆CIP数据核字(2021)第273028号

陕西延安黄龙山褐马鸡国家级自然保护区野生植物图谱

李登武　马宝有　著

出版发行	西北农林科技大学出版社		
地　　址	陕西杨凌杨武路3号	**邮　编：**	712100
电　　话	总编室：029-87093195	发行部：029-87093302	
电子邮箱	press0809@163.com		
印　　刷	陕西天地印刷有限公司		
版　　次	2021年12月第1版		
印　　次	2021年12月第1次印刷		
开　　本	889 mm × 1 194 mm　1/16		
印　　张	40.25		
字　　数	248千字		

ISBN 978-7-5683-1073-4

定价：268.00元

本书如有印装质量问题，请与本社联系

陕西延安黄龙山褐马鸡国家级自然保护区野生植物调查领导小组

组　长： 马宝有

副组长： 屈宏胜　张建哲

成　员： 曹昌龙　霍安平　尚　伟　王天才　牛常会　袁晓青

刘江成　屈学宝　王云龙　高东峰　李宏志

陕西延安黄龙山褐马鸡国家级自然保护区野生植物调查主持参加单位

主持单位： 西北农林科技大学

参加单位： 陕西延安黄龙山褐马鸡国家级自然保护区管理局

延安市黄龙山国有林管理局

前言
PREFACE

黄龙山林区是黄土高原中南部地区森林生态系统保留最完好的区域之一，是陕西省五大天然林区之一，也是“八百里秦川”的北面屏障，具有植被地理代表性、动植物区系代表性和地形地貌的代表性。该区是防止水土流失、涵养水源、维护区域生态平衡的有力保障，生态区位极为重要。

陕西延安黄龙山褐马鸡国家级自然保护区位于延安市的黄龙、宜川两县境内的黄龙山林区，地处陕北黄土高原南缘的黄龙山腹地，属中纬度暖温带大陆性半湿润季风气候区，受地形、气候等因素的影响，野生动植物资源丰富，被誉为“黄土高原上的一颗绿色明珠”，素有“陕西的一叶肺”和“褐马鸡的故乡”之称。保护区是以保护中国特有的国家一级保护野生动物褐马鸡及其栖息地和黄土高原特有的暖温带落叶阔叶林森林生态系统为主。

陕西延安黄龙山褐马鸡国家级自然保护区自然地理条件特殊、自然环境优越，植被类型多样，生态系统复杂，动植物种类繁多，生物资源丰富。保护区共有维管植物 121 科 492 属 1 009 种（含种下等级），其中石松类和蕨类植物 11 科 21 属 38 种，裸子植物 3 科 5 属 8 种（新记录 1 种），被子植物 107 科 466 属 963 种（新记录 1 科 15 属 58 种）。在本书附录中，*** 表示新记录科、** 表示新记录属、* 表示新记录种。

本书收录植物彩图近 1 300 张，包含野生维管植物 110 科 380 属 605 种（含种下等级）。正文为陕西延安黄龙山褐马鸡国家级自然保护区主要野生维管植物，附录为陕西延安黄龙山褐马鸡国家级自然保护区野生维管植物名录等。本书植物科、属、种编排，植物科的顺序主要参考《中国植物志》、*Flora of China*，属、种的顺序按照拉丁名字母顺序排列。植物学名以 *Flora of China*、《中国生物物种名录》（2021 版）为准，中文名主要以《中国植物志》为准。

在本书出版之际，谨向关心和支持本项目的陕西省林业局、延安市人民政府、延安市林业局、陕西延安黄龙山褐马鸡国家级自然保护区管理局、延安市黄龙山国有林管理局、西北农林科技大学等单位的领导、专家，以及为本次植物资源调查与研究付出艰辛劳动的全体研究和工作人员致以衷心的感谢！

保护区植物调查工作是在陕西延安黄龙山褐马鸡国家级自然保护区管理局马宝有局长以及其他主要领导和西北农林科技大学李登武教授的统一组织和协调下得以顺利完成。植物照片拍摄人员主要有王天才、李登武、马宝有、王育鹏、余梦迪、刘师等；植物物种鉴定工作主要由李登武、马宝有、王天才等完成，刘师参与了部分鉴定工作；参加野外调查的人员还有西北农林科技大学野生动植物保护与利用专业团队（李登武教授团队）的硕、博士生（刘师、余梦迪、田培林、陈倩、胡慧中、冯雪萍、罗娜、徐胜楠、张伟萍、白茹雪、余丽、孙雷稳等）以及陕西延安黄龙山褐马鸡国家级自然保护区管理局、延安市黄龙山国有林管理局部分人员。另外，该项工作得到“陕西延安黄龙山褐马鸡国家级自然保护区野生植物图谱编研项目”的资助。

由于著者水平有限，加之成稿时间短促，书中难免有遗漏和不足之处，希望广大读者批评指正。

著 者

2021 年 12 月于中国 · 杨凌

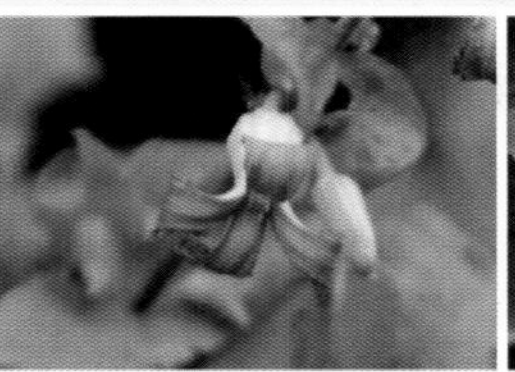

目录 CONTENTS

第一章　石松类和蕨类植物

1. 卷柏科 Selaginellaceae......002
2. 木贼科 Equisetaceae......003
3. 碗蕨科 Dennstaedtiaceae......004
4. 凤尾蕨科 Pteridaceae......005
5. 铁角蕨科 Aspleniaceae......006
6. 鳞毛蕨科 Dryopteridaceae......007
7. 水龙骨科 Polypodiaceae......009

第二章　裸子植物

1. 松科 Pinaceae......012
2. 柏科 Cupressaceae......015

第三章　被子植物—双子叶植物

1. 金粟兰科 Chloranthaceae......018
2. 杨柳科 Salicaceae......019
3. 胡桃科 Juglandaceae......023
4. 桦木科 Betulaceae......025
5. 壳斗科 Fagaceae......030
6. 榆科 Ulmaceae......035
7. 桑科 Moraceae......040
8. 大麻科 Cannabaceae......042
9. 荨麻科 Urticaceae......044
10. 檀香科 Santalaceae......049
11. 桑寄生科 Loranthaceae......050
12. 马兜铃科 Aristolochiaceae......052
13. 蓼科 Polygonaceae......053
14. 藜科 Chenopodiaceae......065
15. 苋科 Amaranthaceae......070
16. 商陆科 Phytolaccaceae......071
17. 马齿苋科 Portulacaceae......072
18. 石竹科 Caryophyllaceae......073
19. 金鱼藻科 Ceratophyllaceae......087
20. 芍药科 Paeoniaceae......088
21. 毛茛科 Ranunculaceae......090
22. 小檗科 Berberidaceae......111
23. 防己科 Menispermaceae......114
24. 五味子科 Schisandraceae......115
25. 樟科 Lauraceae......116
26. 罂粟科 Papaveraceae......117
27. 十字花科 Brassicaceae......128
28. 景天科 Crassulaceae......138
29. 虎耳草科 Saxifragaceae......144
30. 蔷薇科 Rosaceae......153
31. 豆科 Fabaceae......201
32. 酢酱草科 Oxalidaceae......244
33. 牻牛儿苗科 Geraniaceae......245
34. 亚麻科 Linaceae......248
35. 蒺藜科 Zygophyllaceae......249
36. 芸香科 Rutaceae......250
37. 苦木科 Simaroubaceae......253
38. 楝科 Meliaceae......255
39. 远志科 Polygalaceae......256

40. 大戟科 Euphorbiaceae......258
41. 漆树科 Anacardiaceae......264
42. 卫矛科 Celastraceae......268
43. 省沽油科 Staphyleaceae......273
44. 槭树科 Aceraceae......274
45. 无患子科 Sapindaceae......279
46. 清风藤科 Sabiaceae......281
47. 凤仙花科 Balsaminaceae......282
48. 鼠李科 Rhamnaceae......283
49. 葡萄科 Vitaceae......289
50. 椴树科 Tiliaceae......292
51. 锦葵科 Malvaceae......294
52. 猕猴桃科 Actinidiaceae......298
53. 藤黄科 Clusiaceae......299
54. 堇菜科 Violaceae......301
55. 瑞香科 Thymelaeaceae......307
56. 胡颓子科 Elaeagnaceae......308
57. 千屈菜科 Lythraceae......310
58. 八角枫科 Alangiaceae......311
59. 柳叶菜科 Onagraceae......312
60. 五加科 Araliaceae......317
61. 伞形科 Apiaceae......321
62. 山茱萸科 Cornaceae......334
63. 鹿蹄草科 Pyrolaceae......336
64. 报春花科 Primulaceae......338
65. 白花丹科 Plumbaginaceae......341
66. 柿树科 Ebenaceae......342
67. 木樨科 Oleaceae......343
68. 马钱科 Loganiaceae......349
69. 龙胆科 Gentianaceae......350
70. 萝藦科 Asclepiadaceae......357
71. 旋花科 Convolvulaceae......363
72. 紫草科 Boraginaceae......367
73. 马鞭草科 Verbenaceae......371
74. 唇形科 Lamiaceae......375
75. 茄科 Solanaceae......397
76. 玄参科 Scrophulariaceae......405
77. 紫葳科 Bignoniaceae......421
78. 列当科 Orobanchaceae......423
79. 苦苣苔科 Gesneriaceae......425
80. 车前科 Plantaginaceae......426
81. 茜草科 Rubiaceae......430
82. 忍冬科 Caprifoliaceae......436
83. 五福花科 Adoxaceae......447
84. 败酱科 Valerianaceae......448
85. 川续断科 Dipsacaceae......452
86. 葫芦科 Cucurbitaceae......454
87. 桔梗科 Campanulaceae......455
88. 菊科 Asteraceae......461

第四章　被子植物—单子叶植物

1. 香蒲科 Typhaceae......530
2. 眼子菜科 Potamogetonaceae......532
3. 水麦冬科 Juncaginaceae......534
4. 泽泻科 Alismataceae......535
5. 禾本科 Poaceae......536
6. 莎草科 Cyperaceae......566
7. 天南星科 Araceae......572
8. 鸭跖草科 Commelinaceae......576
9. 灯心草科 Juncaceae......578
10. 百合科 Liliaceae......579
11. 薯蓣科 Dioscoreaceae......596
12. 鸢尾科 Iridaceae......598
13. 兰科 Orchidaceae......601

附录　陕西延安黄龙山褐马鸡国家级自然保护区维管植物名录......611

第一章

石松类和蕨类植物

Lycophyta et Pteridophyta

1 卷柏科 Selaginellaceae

【属　名】卷柏属 *Selaginella* Spring

【种　名】中华卷柏 *Selaginella sinensis* (Desv.) Spring

【生　境】生于岩石上。

【分布型】中国特有分布。

2　木贼科 Equisetaceae

【属　名】木贼属 *Equisetum* Linn.

【种　名】问荆 *Equisetum arvense* Linn.

【生　境】生于山坡草地或林中。

【分布型】北温带分布。

3 碗蕨科 Dennstaedtiaceae

【属　名】碗蕨属 *Dennstaedtia* Bernh.

【种　名】溪洞碗蕨 *Dennstaedtia wilfordii* (T. Moore) Christ

【生　境】生于岩石上或林下。

【分布型】中国 - 日本（SJ）分布。

4　凤尾蕨科 Pteridaceae

【属　名】粉背蕨属 *Aleuritopteris* Fee

【种　名】陕西粉背蕨 *Aleuritopteris argentea* var. *obscura* (Christ) Ching

【生　境】常生于石缝中。

【分布型】中国特有分布。

5 铁角蕨科 Aspleniaceae

【属　名】铁角蕨属 *Asplenium* Linn.

【种　名】北京铁角蕨 *Asplenium pekinense* Hance

【生　境】生于岩石上或石缝中。

【分布型】中国 - 喜马拉雅（SH）分布。

6 鳞毛蕨科 Dryopteridaceae

【属　名】贯众属 *Cyrtomium* Presl

【种　名】贯众 *Cyrtomium fortunei* J. Sm.

【生　境】生于林下或石灰岩缝。

【分布型】中国 - 日本（SJ）分布。

【属　名】鳞毛蕨属 *Dryopteris* Adans

【种　名】华北鳞毛蕨 *Dryopteris goeringiana* (Ktze.) Koidz.

【生　境】生于阔叶林下或灌丛中。

【分布型】中国 - 日本（SJ）分布。

7 水龙骨科 Polypodiaceae

【属　名】石韦属 *Pyrrosia* Mirbel

【种　名】华北石韦 *Pyrrosia davidii* (Bak.) Ching

【生　境】附生于阴湿岩石上或树干上。

【分布型】中国特有分布。

【属　名】石韦属 *Pyrrosia* Mirbel

【种　名】有柄石韦 *Pyrrosia petiolasa* (Christ) Ching

【生　境】常附生于干旱裸露岩石上。

【分布型】中国 - 日本（SJ）分布。

第二章

裸子植物

Gymnospermae

1 松科 Pinaceae

【属　名】松属 *Pinus* Linn.

【种　名】华山松 *Pinus armandii* Franch.

【生　境】生于山坡林中。

【分布型】中国特有分布。

【属　名】松属 *Pinus* Linn.

【种　名】白皮松 *Pinus bungeana* Zucc. et Endl.

【生　境】生于海拔 1 200 m 以下的阳坡、半阳坡上。

【分布型】中国特有分布。

【属　名】松属 *Pinus* Linn.

【种　名】油松 *Pinus tabuliformis* Carr.

【生　境】生于海拔 1 700 m 以下的山坡上。

【分布型】中国特有分布。

2　柏科 Cupressaceae

【属　名】侧柏属 *Platycladus* Spach.

【种　名】侧柏 *Platycladus orientalis* (Linn.) Endl.

【生　境】生于海拔 1 200 m 以下的阳坡上。

【分布型】中国 - 日本分布（SJ）或中国特有种（准特有种）。

第三章

被子植物—双子叶植物

Angiospermae—Dicotyledoneae

1 金粟兰科 Chloranthaceae

【属　名】金粟兰属 *Chloranthus* Swartz

【种　名】银线草（四块瓦）*Chloranthus japonicus* Sieb.

【生　境】生于山谷杂木林下的阴湿处。

【分布型】中国 - 日本（SJ）分布。

2　杨柳科 Salicaceae

【属　名】杨属 *Populus* Linn.

【种　名】山杨 *Populus davidiana* Dode

【生　境】生于海拔 1 000 ～ 1 600 m 的山坡、山脊和沟谷地带。

【分布型】温带亚洲分布。

【属　名】杨属 *Populus* Linn.
【种　名】小叶杨 *Populus simonii* Carr.
【生　境】生于海拔 1 780 m 以下的山谷、溪沟中。
【分布型】中国特有分布。

【属　名】柳属 *Salix* Linn.

【种　名】皂柳 *Salix wallichiana* Anderss.

【生　境】生于海拔 1 150 ～ 1 700 m 的山谷溪旁或山坡。

【分布型】中国 - 日本（SJ）分布。

【属　名】柳属 *Salix* Linn.

【种　名】红皮柳 *Salix sinopurpurea* C. Wang et C. Y. Yu

【生　境】生于山坡灌丛中或河边。

【分布型】中国特有分布。

3　胡桃科 Juglandaceae

【属　名】胡桃属 *Juglans* Linn.

【种　名】胡桃楸 *Juglans mandshurica* Maxim.

【生　境】生于海拔 900 ～ 1 200 m 的山坡及沟谷的杂木林中。

【分布型】中国 - 日本（SJ）分布。

【属　名】胡桃属 *Juglans* Linn.

【种　名】核桃（胡桃）*Juglans regia* Linn.

【生　境】喜肥沃湿润的沙质土壤。

【分布型】欧亚温带分布。

4 桦木科 Betulaceae

【属　名】桦木属 *Betula* Linn.

【种　名】白桦 *Betula platyphylla* Suk.

【生　境】生于海拔 1 300 m 以上的山坡、山谷林中。

【分布型】温带亚洲分布。

【属　名】鹅耳枥属 *Carpinus* Linn.

【种　名】千金榆 *Carpinus cordata* Bl.

【生　境】生于海拔 1 200 m 以上的山坡、河谷杂木林中。

【分布型】东亚分布。

【属　名】鹅耳枥属 *Carpinus* Linn.
【种　名】鹅耳枥 *Carpinus turczaninowii* Hance
【生　境】生于海拔 1 700 m 以下的山坡及山谷林中。
【分布型】中国 - 日本（SJ）分布。

【属　名】榛属 *Corylus* Linn.

【种　名】榛 *Corylus heterophylla* Fisch. ex Trautv.

【生　境】生于海拔 700 m 以上的山坡、山谷。

【分布型】中国 - 日本（SJ）分布。

【属　名】虎榛子属 *Ostryopsis* Decne.

【种　名】虎榛子 *Ostryopsis davidiana* (Baill.) Decne.

【生　境】生于海拔 800 m 以上的山坡、山谷的灌丛中。

【分布型】中国特有分布。

5 壳斗科 Fagaceae

【属　名】栗属 *Castanea* Mill

【种　名】板栗 *Castanea mollissima* Bl.

【生　境】生于海拔 1 000 m 左右的山坡、山谷。

【分布型】中国特有分布。

【属　名】栎属 *Quercus* Linn.

【种　名】槲栎 *Quercus aliena* Bl.

【生　境】生于海拔 1 780m 以下的向阳山坡。

【分布型】中国 - 日本（SJ）分布。

【属　名】栎属 *Quercus* Linn.

【种　名】槲树 *Quercus dentata* Thunb.

【生　境】生于海拔 1 750m 以下的山坡、山沟林中及灌木丛中。

【分布型】中国 - 日本（SJ）分布。

【属　名】栎属 *Quercus* Linn.

【种　名】辽东栎 *Quercus wutaishanica* Mayr

【生　境】生于海拔 1 200 m 以上的山坡或山谷。

【分布型】中国 - 日本（SJ）分布。

【属　名】栎属 *Quercus* Linn.

【种　名】栓皮栎 *Quercus variabilis* Bl.

【生　境】生于山坡或山谷林中。

【分布型】中国 - 日本（SJ）分布。

6 榆科 Ulmaceae

【属　名】朴属 *Celtis* Linn.

【种　名】黑弹树（小叶朴）*Celtis bungeana* Bl.

【生　境】生于海拔 900 m 以上的山坡。

【分布型】中国 - 日本（SJ）分布。

【属　名】朴属 *Celtis* Linn.

【种　名】朴树（黄果朴）*Celtis sinensis* Pers.

【生　境】生于海拔 1 300 m 以下的山坡林中。

【分布型】中国 - 日本（SJ）分布。

【属　名】朴属 *Celtis* Linn.

【种　名】大叶朴 *Celtis koraiensis* Nakai

【生　境】生于海拔 1 500 m 以下的山坡或山谷。

【分布型】中国 - 日本（SJ）分布。

【属　名】刺榆属 *Hemiptelea* Planch.

【种　名】刺榆 *Hemiptelea davidii* (Hance) Planch.

【生　境】生于海拔 1 500 m 以下的山坡林中。

【分布型】中国 - 日本（SJ）分布。

【属　名】榉属 *Zelkova* Spach

【种　名】榉树 *Zelkova serrata* (Thunb.) Makino

【生　境】生于山坡疏林中。

【分布型】中国 - 日本（SJ）分布。

7 桑科 Moraceae

【属　名】构树属 *Broussonetia* L' Herit. ex Vent.

【种　名】构树 *Broussonetia papyrifera* (Linn.) L' Herit. ex Vent.

【生　境】生于海拔 1 500 m 的山坡、山谷。

【分布型】热带亚洲分布。

【属　名】柘属 *Maclura* Nutt.

【种　名】柘（柘树）*Maclura tricuspidata* Carr.

【生　境】生于海拔 1 000 m 左右的山地灌丛中。

【分布型】中国 - 日本（SJ）分布。

8 大麻科 Cannabaceae

【属　名】葎草属 *Humulus* Linn.

【种　名】啤酒花 *Humulus lupulus* Linn.

【生　境】生于海拔 1 000 m 以上的山坡、山谷的林缘或灌丛中水分充足处。

【分布型】北温带分布。

【属　名】葎草属 *Humulus* Linn.
【种　名】葎草 *Humulus scandens* (Lour.) Merr.
【生　境】生于海拔 1 780 m 以下的山坡、山谷灌丛中。
【分布型】中国 - 日本（SJ）分布。

9 荨麻科 Urticaceae

【属　名】苎麻属 *Boehmeria* Jacq.

【种　名】赤麻 *Boehmeria silvestrii* (Pamp.) W. T. Wang

【生　境】生于海拔 900 m 以上的山坡林下、山谷及路旁，喜阴湿。

【分布型】中国 - 日本（SJ）分布。

【属 名】艾麻属 *Laportea* Gaud

【种 名】艾麻 *Laportea cuspidata* (Wedd.) Friis

【生 境】生于海拔 1 000 m 以上的山地林下或山谷阴湿处。

【分布型】东亚分布。

【属　名】艾麻属 *Laportea* Gaud

【种　名】珠芽艾麻 *Laportea bulbifera* (Sieb. et Zucc.) Wedd.

【生　境】生于海拔 900 m 以上的山坡、山谷潮湿处。

【分布型】东亚分布。

【属　名】冷水花属 *Pilea* Lindl.

【种　名】透茎冷水花 *Pilea pumila* (Linn.) A. Gray

【生　境】生于海拔 850 m 以上的山坡林下、山谷路旁等阴湿处。

【分布型】北温带分布。

【属　名】荨麻属 *Urtica* Linn.

【种　名】麻叶荨麻（焮麻、火麻、蝎子草）*Urtica cannabina* Linn.

【生　境】生于海拔 850 m 以上的山坡草地及山谷路旁。

【分布型】欧亚温带分布。

10 檀香科 Santalaceae

【属　名】百蕊草属 *Thesium* Linn.

【种　名】百蕊草 *Thesium chinense* Turcz.

【生　境】生于海拔 1 600 m 以下的砂砾山坡。

【分布型】中国 - 日本（SJ）分布。

11 桑寄生科 Loranthaceae

【属　名】桑寄生属 *Loranthus* Jacq.

【种　名】北桑寄生 *Loranthus tanakae* Franch.et Sav.

【生　境】生于海拔 950 m 以上的山坡林中，多寄生于榆属、桦属、栎属、李属等植物上。

【分布型】中国 - 日本（SJ）分布。

【属　名】槲寄生属 *Viscum* Linn.

【种　名】槲寄生 *Viscum coloratum* (Kom.) Nakai

【生　境】生于海拔 1 780 m 以下的阔叶林中，常寄生于杨、柳、榆、桦、栎、梨、李、苹果、山楂、椴属等植物上。

【分布型】中国 - 日本（SJ）分布。

12 马兜铃科 Aristolochiaceae

【属　名】马兜铃属 *Aristolochia* Linn.

【种　名】北马兜铃 *Aristolochia contorta* Bge.

【生　境】生于海拔 1 500 m 以下的山坡路旁或沟谷林缘灌丛。

【分布型】中国 - 日本（SJ）分布

13 蓼科 Polygonaceae

【属　名】蓼属 *Polygonum* Linn.

【种　名】萹蓄 *Polygonum aviculare* Linn.

【生　境】生于海拔 1 780 m 以下的草地、路旁、田边及水沟、滩地潮湿处。

【分布型】世界广布。

【属　名】蓼属 *Polygonum* Linn.

【种　名】水蓼 *Polygonum hydropiper* Linn.

【生　境】生于海拔 1 500 m 以下的山沟水旁、沼泽地或浅水中。

【分布型】北温带分布。

【属　名】蓼属 *Polygonum* Linn.

【种　名】酸模叶蓼 *Polygonum lapathifolium* Linn.

【生　境】生于海拔 1 780 m 以下的溪旁、水沟或湿洼草地。

【分布型】北温带分布。

【属　名】蓼属 *Polygonum* Linn.

【种　名】尼泊尔蓼 *Polygonum nepalense* Meisn.

【生　境】生于海拔 1 300 m 以上的山坡草地及山谷、河岸草丛等潮湿处。

【分布型】热带亚洲至热带非洲分布。

【属　名】蓼属 *Polygonum* Linn.

【种　名】红蓼 *Polygonum orientale* Linn.

【生　境】常见于山坡、路旁、水边潮湿处。

【分布型】世界广布。

【属　名】蓼属 *Polygonum* Linn.

【种　名】西伯利亚蓼 *Polygonum sibiricum* Laxm.

【生　境】常见于盐碱低洼地。

【分布型】温带亚洲分布。

【属　名】蓼属 *Polygonum* Linn.

【种　名】支柱蓼 *Polygonum suffultum* Maxim.

【生　境】生于海拔 1 100 m 以上的林下、河岸两旁阴湿处。

【分布型】中国 - 日本（SJ）分布

【属　名】首乌属 *Fallopia* Adanson
【种　名】木藤首乌 *Fallopia aubertii* (L. Henry) Holub
【生　境】生于海拔 900 m 以上的山坡、山谷阴湿处。
【分布型】中国特有分布。

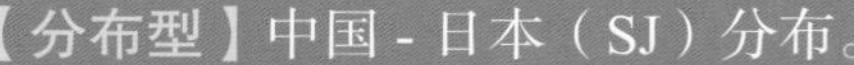

【属　名】虎杖属 *Reynoutria* Houtt.

【种　名】虎杖 *Reynoutria japonica* Houtt.

【生　境】生于海拔 1 000 m 左右的山坡路旁、河岸。

【分布型】中国 - 日本（SJ）分布。

【属　名】大黄属 *Rheum* Linn.

【种　名】波叶大黄 *Rheum rhabarbarum* Linn.

【生　境】生于山坡草地。

【分布型】温带亚洲分布。

【属　名】酸模属 *Rumex* Linn.
【种　名】皱叶酸模 *Rumex crispus* Linn.
【生　境】生于海拔 1 000 m 以上的山坡湿地、沟谷、河岸及路旁。
【分布型】北温带分布。

【属　名】酸模属 *Rumex* Linn.

【种　名】齿果酸模 *Rumex dentatus* Linn.

【生　境】生于海拔 1 000 m 以下的路旁、河边。

【分布型】欧亚温带分布。

14 藜科 Chenopodiaceae

【属　名】藜属 *Chenopodium* Linn.

【种　名】藜（灰条菜、灰菜） *Chenopodium album* Linn.

【生　境】生于海拔 1 780 m 以下的田间、荒地、路边及宅旁。

【分布型】世界广布。

【属　名】刺藜属 *Dysphania* R. Br.

【种　名】菊叶香藜 *Dysphania schraderiana* (Roem. et Schult.) Mosyakin et Clemants

【生　境】生于海拔 1 000 m 以上的林缘、山坡路旁、荒地、河岸及宅旁。

【分布型】欧亚温带分布。

【属　名】地肤属 *Kochia* Roth.

【种　名】地肤（扫帚菜）*Kochia scoparia* (Linn.) Schrad.

【生　境】常生于田边、路旁、荒地等处。

【分布型】世界广布。

【属　名】猪毛菜属 *Salsola* Linn.

【种　名】猪毛菜 *Salsola collina* Pall.

【生　境】生于海拔 1 780 m 以下的路旁、荒地、村边等。

【分布型】北温带分布。

【属　名】碱蓬属 *Suaeda* Forsk.
【种　名】碱蓬 *Suaeda glauca* Bge.
【生　境】常生于盐碱地、沙地、河滩。
【分布型】温带亚洲分布。

15 苋科 Amaranthaceae

【属　名】苋属 *Amaranthus* Linn.

【种　名】反枝苋 *Amaranthus retroflexus* Linn.

【生　境】生于海拔 1 700 m 以下的山坡草地、山谷、路旁、荒地、田边等。

【分布型】世界广布。

16 商陆科 Phytolaccaceae

【属　名】商陆属 *Phytolacca* Linn.

【种　名】商陆 *Phytolacca acinosa* Roxb.

【生　境】生于海拔 1 000 m 左右的山坡、山谷草地阴湿处。

【分布型】东亚分布。

17 马齿苋科 Portulacaceae

【属　名】马齿苋属 *Portulaca* Linn.

【种　名】马齿苋 *Portulaca oleracea* Linn.

【生　境】生于海拔 1 780 m 以下的农田、路旁。

【分布型】世界广布。

18 石竹科 Caryophyllaceae

【属　名】无心菜属 *Arenaria* Linn.

【种　名】无心菜 *Arenaria serpyllifolia* Linn.

【生　境】生于山坡草地。

【分布型】北温带分布。

【属　名】石竹属 *Dianthus* Linn.

【种　名】石竹 *Dianthus chinensis* Linn.

【生　境】生于山坡草地。

【分布型】温带亚洲分布。

【属　名】石头花属 *Gypsophila* Linn.

【种　名】细叶石头花 *Gypsophila licentiana* Hand.-Mzt.

【生　境】生于干旱山坡上。

【分布型】中亚分布。

【属　名】鹅肠菜属 *Myosoton* Moench

【种　名】鹅肠菜（牛繁缕）*Myosoton aquaticum* (Linn.) Moench

【生　境】生于河流旁、水沟旁。

【分布型】世界分布。

【属　名】孩儿参属 *Pseudostellaria* Pax

【种　名】蔓孩儿参 *Pseudostellaria davidii* (Franch.) Pax

【生　境】生于杂木林下。

【分布型】温带亚洲分布。

【属　名】漆姑草属 *Sagina* Linn.

【种　名】漆姑草 *Sagina japonica* (Sw.) Ohwi

【生　境】生于海拔 1 780 m 以下的山坡草地。

【分布型】东亚分布。

【属　名】肥皂草属 *Saponaria* Linn.

【种　名】肥皂草 *Saponaria officinalis* Linn.（逸生）

【生　境】见于山坡草地。

【分布型】中亚、西亚至地中海分布。

【属　名】蝇子草属 *Silene* Linn.
【种　名】女娄菜 *Silene aprica* Turcz. ex Fisch. et Mey.
【生　境】生于林下、林缘或路旁。
【分布型】东亚分布。

【属　名】蝇子草属 *Silene* Linn.

【种　名】麦瓶草 *Silene conoidea* Linn.

【生　境】生于山坡草地。

【分布型】欧亚温带分布。

【属　名】蝇子草属 *Silene* Linn.
【种　名】鹤草（蝇子草、蚊子草）*Silene fortunei* Vis.
【生　境】生于山坡草地。
【分布型】中国特有分布。

【属　名】繁缕属 *Stellaria* Linn.

【种　名】禾叶繁缕 *Stellaria graminea* Linn.

【生　境】生于山坡草地或石隙中。

【分布型】欧亚温带分布。

【属　名】繁缕属 *Stellaria* Linn.

【种　名】繁缕 *Stellaria media* (Linn.) Vill.

【生　境】生于山坡草地。

【分布型】世界分布。

【属　名】繁缕属 *Stellaria* Linn.

【种　名】腺毛繁缕 *Stellaria nemorum* Linn.

【生　境】生于山坡草地。

【分布型】欧亚温带分布。

【属　名】麦蓝菜属 *Vaccaria* Wolf

【种　名】麦蓝菜（王不留行）*Vaccaria hispanica* (Mill.) Rausch.

【生　境】常生于撂荒地或农田中。

【分布型】欧亚温带分布。

19 金鱼藻科 Ceratophyllaceae

【属　名】金鱼藻属 *Ceratophyllum* Linn.

【种　名】金鱼藻 *Ceratophyllum demersum* Linn.

【生　境】生于河沟、池塘。

【分布型】世界分布。

20 芍药科 Paeoniaceae

【属　名】芍药属 *Paeonia* Linn.

【种　名】草芍药 *Paeonia obovata* Maxim.

【生　境】生于山坡、沟谷林下或山坡草地。

【分布型】中国 - 日本（SJ）分布。

【属　名】芍药属 *Paeonia* Linn.

【种　名】紫斑牡丹 *Paeonia rockii* (S. G. Haw et Lauener) T. Hong et J. J. Li

【生　境】生于山坡落叶阔叶林或灌丛中。

【分布型】中国特有分布。

21 毛茛科 Ranunculaceae

【属　名】乌头属 *Aconitum* Linn.

【种　名】牛扁 *Aconitum barbatum* var. *puberlum* Ledeb.

【生　境】生于山地疏林下或沟谷阴湿处。

【分布型】温带亚洲分布。

【属　名】乌头属 *Aconitum* Linn.

【种　名】乌头 *Aconitum carmichaelii* Debx.

【生　境】生于山坡草地或灌丛中。

【分布型】中国特有分布。

【属　名】乌头属 *Aconitum* Linn.

【种　名】松潘乌头 *Aconitum sungpanense* Hand.-Mazz.

【生　境】生于海拔 1 400 m 以上的山地林中、林缘或灌丛中。

【分布型】中国特有分布。

【属　名】类叶升麻属 *Actaea* Linn.

【种　名】类叶升麻 *Actaea asiatica* H. Hara

【生　境】生于山坡或沟谷林下。

【分布型】中国 - 日本（SJ）分布。

【属　名】银莲花属 *Anemone* Linn.

【种　名】小花草玉梅 *Anemone rivularis* var. *flore-minore* Maxim.

【生　境】生于山坡或沟谷草地。

【分布型】中国特有分布。

【属 名】银莲花属 *Anemone* Linn.

【种 名】大火草 *Anemone tomentosa* (Maxim.) Pei

【生 境】生于山坡或沟谷林下、草地、路旁等。

【分布型】中国特有分布。

【属　名】耧斗菜属 *Aquilegia* Linn.

【种　名】华北耧斗菜 *Aquilegia yabeana* Kitag.

【生　境】生于山坡草地或林缘。

【分布型】中国特有分布。

【属　名】升麻属 *Cimicifuga* Linn.

【种　名】小升麻（金龟草）*Cimicifuga japonica* (Thunb.) Spreng.

【生　境】生于山坡林下。

【分布型】中国 - 日本（SJ）分布。

【属　名】铁线莲属 *Clematis* Linn.

【种　名】灌木铁线莲 *Clematis fruticosa* Turcz.

【生　境】生于山坡灌丛中。

【分布型】中国特有分布。

【属　名】铁线莲属 *Clematis* Linn.

【种　名】粗齿铁线莲 *Clematis grandidentata* (Rehd. et E. H. Wilson) W. T. Wang

【生　境】生于山坡灌丛中。

【分布型】中国特有分布。

【属　名】铁线莲属 *Clematis* Linn.

【种　名】大叶铁线莲 *Clematis heracleifolia* DC.

【生　境】生于山坡沟谷、林缘、路旁。

【分布型】中国 - 日本（SJ）分布。

【属　名】铁线莲属 *Clematis* Linn.

【种　名】棉团铁线莲 *Clematis hexapetala* Pall.

【生　境】生于干旱山坡或山坡草地。

【分布型】中国 - 日本（SJ）分布。

【属　名】铁线莲属 *Clematis* Linn.

【种　名】黄花铁线莲 *Clematis intricata* Bge.

【生　境】生于山坡灌丛中或路旁。

【分布型】中国特有分布。

【属　名】铁线莲属 *Clematis* Linn.

【种　名】秦岭铁线莲 *Clematis obscura* Maxim.

【生　境】生于山坡灌丛中。

【分布型】中国特有分布。

【属　名】翠雀属 *Delphinium* Linn.

【种　名】冀北翠雀花（细须翠雀花）*Delphinium siwanense* Franch.

【生　境】生于山坡草地。

【分布型】中国特有分布。

【属　名】碱毛茛属 *Halerpestes* Green.

【种　名】水葫芦苗（圆叶碱毛茛）*Halerpestes sarmentosa* (Adams) Kom. et Aliss.

【生　境】生于沼泽地。

【分布型】欧亚温带分布。

【属　名】白头翁属 *Pulsatilla* Adens.

【种　名】白头翁 *Pulsatilla chinensis* (Bge.) Regel

【生　境】生于山坡草地。

【分布型】中国 - 日本（SJ）分布。

【属　名】毛茛属 *Ranunculus* Linn.
【种　名】茴茴蒜 *Ranunculus chinensis* Bge.
【生　境】生于水湿草地、溪旁等。
【分布型】东亚分布。

【属　名】毛茛属 *Ranunculus* Linn.

【种　名】毛茛 *Ranunculus japonicus* Thunb.

【生　境】生于路边湿草地上。

【分布型】中国 - 日本（SJ）分布。

【属　名】唐松草属 *Thalictrum* Linn.

【种　名】瓣蕊唐松草 *Thalictrum petaloideum* Linn.

【生　境】生于山坡草地。

【分布型】中国 - 日本（SJ）分布。

【属　名】唐松草属 *Thalictrum* Linn.

【种　名】细唐松草 *Thalictrum tenue* Franch.

【生　境】生于干旱山坡。

【分布型】中国特有分布。

22 小檗科 Berberidaceae

【属　名】小檗属 *Berberis* Linn.

【种　名】短柄小檗 *Berberis brachypoda* Maxim.

【生　境】生于山坡林下、路旁或灌丛中。

【分布型】中国特有分布。

【属　名】小檗属 *Berberis* Linn.

【种　名】陕西小檗 *Berberis shensiana* Ahrendt

【生　境】生于山坡林中。

【分布型】中国特有分布。

【属　名】淫羊藿属 *Epimedium* Linn.

【种　名】淫羊藿 *Epimedium brevicornu* Maxim.

【生　境】生于山坡林下。

【分布型】中国特有分布。

23 防己科 Menispermaceae

【属　名】蝙蝠葛属 *Menispermum* Linn.

【种　名】蝙蝠葛 *Menispermum dauricum* DC.

【生　境】生于海拔 900 ～ 1 500 m 的山坡疏林、路旁灌丛。

【分布型】中国 - 日本（SJ）分布。

24 五味子科 Schisandraceae

【属　名】五味子属 *Schisandra* Michx.

【种　名】五味子（北五味子）*Schisandra chinensis* (Turcz.) Baill.

【生　境】生于山坡林中。

【分布型】中国特有分布。

25 樟科 Lauraceae

【属　名】木姜子属 *Litsea* Lam.

【种　名】木姜子 *Litsea pungens* Hemsl.

【生　境】生于山坡林中。

【分布型】中国特有分布。

26 罂粟科 Papaveraceae

【属　名】白屈菜属 *Chelidonium* Linn.

【种　名】白屈菜 *Chelidonium majus* Linn.

【生　境】生于山坡、山谷草地或路旁。

【分布型】欧亚温带分布。

【属　名】紫堇属 *Corydalis* DC.

【种　名】紫堇 *Corydalis edulis* Maxim.

【生　境】生于海拔 1 200 m 以下的山坡多石地。

【分布型】中国 - 日本（SJ）分布。

【属　名】紫堇属 *Corydalis* DC.

【种　名】北京延胡索 *Corydalis gamosepala* Maxim.

【生　境】生于山坡阴湿地。

【分布型】中国特有分布。

【属　名】紫堇属 *Corydalis* DC.

【种　名】黄堇 *Corydalis pallida* (Thunb.) Pers.

【生　境】生于多石地。

【分布型】中国 - 日本（SJ）分布。

【属 名】紫堇属 *Corydalis* DC.

【种 名】假刻叶紫堇 *Corydalis pseudoincisa* C. Y. Wu, Z. Y. Su et Liden

【生 境】生于山坡阴湿地。

【分布型】中国特有分布。

【属　名】紫堇属 *Corydalis* DC.

【种　名】小黄紫堇（黄花地丁）*Corydalis raddeana* Regel

【生　境】生于杂木林下。

【分布型】中国 - 日本（SJ）分布。

【属　名】紫堇属 *Corydalis* DC.

【种　名】石生黄堇（岩黄连）*Corydalis saxicola* Bunting

【生　境】常见于石灰岩缝隙中。

【分布型】中国特有分布。

【属　名】紫堇属 *Corydalis* DC.

【种　名】珠果黄堇 *Corydalis speciosa* Maxim.

【生　境】生于路边或水边多石地。

【分布型】中国 - 日本（SJ）分布。

【属　名】秃疮花属 *Dicranostigma* Hook. f. et. Thoms.
【种　名】秃疮花 *Dicranostigma leptopodum* (Maxim.) Fedde
【生　境】生于山坡或路旁。
【分布型】中国特有分布。

【属　名】荷青花属 *Hylomecon* Maxim.

【种　名】荷青花 *Hylomecon japonica* (Thunb.) Prantl et Kundig

【生　境】生于山坡林下。

【分布型】中国 - 日本（SJ）分布。

【属　名】博落回属 *Macleaya* R. Br.

【种　名】小果博落回 *Macleaya microcarpa* (Maxim.) Fedde

【生　境】生于山坡林缘、路旁。

【分布型】中国特有分布。

27 十字花科 Brassicaceae

【属　名】南芥属 *Arabis* Linn.

【种　名】垂果南芥 *Arabis pendula* Linn.

【生　境】生于山坡上。

【分布型】欧亚温带分布。

【属　名】荠属 *Capsella* Medik.

【种　名】荠（荠菜）*Capsella bursa-pastoris* (Linn.) Medik.

【生　境】生于山坡草地或路旁。

【分布型】世界分布。

【属　名】碎米荠属 *Cardamine* Linn.

【种　名】大叶碎米荠 *Cardamine macrophylla* Willd.

【生　境】生于山坡林下阴湿地或溪流旁。

【分布型】东亚分布。

【属　名】离子芥属 *Chorispora* R. Br. ex DC.

【种　名】离子芥 *Chorispora tenella* (Pall.) DC.

【生　境】生于山坡草地。

【分布型】中亚、西亚至地中海分布。

【属　名】播娘蒿属 *Descurainia* Webb. et Berth.

【种　名】播娘蒿 *Descurainia sophia* (Linn.) Webb. ex Prantl

【生　境】生于山坡草地。

【分布型】欧亚温带分布。

【属　名】葶苈属 *Draba* Linn.

【种　名】葶苈 *Draba nemorosa* Linn.

【生　境】生于山坡草地或路旁。

【分布型】欧亚温带分布。

【属　名】糖芥属 *Erysimum* Linn.

【种　名】糖芥 *Erysimum amurense* Kitag.

【生　境】生于山坡草地。

【分布型】欧亚温带分布。

【属　名】独行菜属 *Lepidium* Linn.

【种　名】独行菜 *Lepidium apetalum* Willd.

【生　境】生于山坡草地或路旁。

【分布型】温带亚洲分布。

【属　名】诸葛菜属 *Orychophragmus* Bge.

【种　名】诸葛菜 *Orychophragmus violaceus* (Linn.) O. E. Schulz

【生　境】生于山坡路旁。

【分布型】中国 - 日本（SJ）分布。

【属　名】蔊菜属 *Rorippa* Scop.

【种　名】蔊菜 *Rorippa indica* (Linn.) Hiern

【生　境】生于山坡较潮湿处。

【分布型】东亚分布。

28 景天科 Crassulaceae

【属　名】八宝属 *Hylotelephium* H. Ohba

【种　名】轮叶八宝 *Hylotelephium verticillatum* (Linn.) H. Ohba.

【生　境】生于山坡草丛中或沟边阴湿地。

【分布型】中国 - 日本（SJ）分布。

【属　名】瓦松属 *Orostachys* Fisch.

【种　名】瓦松 *Orostachys fimbriata* (Turcz.) Berger

【生　境】生于山坡石上或屋瓦上。

【分布型】温带亚洲分布。

【属　名】费菜属 *Phedimus* Rafin.

【种　名】费菜 *Phedimus aizoon* (Linn.) 't Hart

【生　境】生于山坡草地或路旁。

【分布型】温带亚洲分布。

【属　名】费菜属 *Phedimus* Rafin.

【种　名】狭叶费菜 *Phedimus aizoon* var. *yamatutae* (Kitag.) H. Ohba et al.

【生　境】生于山坡草地或路旁。

【分布型】温带亚洲分布。

【属　名】景天属 *Sedum* Linn.

【种　名】垂盆草（豆瓣菜、狗牙瓣、佛甲草）*Sedum sarmentosum* Bge.

【生　境】生于阳坡石缝中。

【分布型】中国 - 日本（SJ）分布

【属　名】景天属 *Sedum* Linn.

【种　名】火焰草（繁缕叶景天）*Sedum stellariifolium* Franch.

【生　境】常见于山坡或山谷石缝中。

【分布型】中国特有分布。

29 虎耳草科 Saxifragaceae

【属　名】落新妇属 *Astilbe* Buch.–Ham.

【种　名】落新妇（红升麻）*Astilbe chinensis* (Maxim.) Franch. et. Savat.

【生　境】生于海拔 1 780 m 以下的山谷林下。

【分布型】中国 - 日本（SJ）分布。

【属　名】金腰属 *Chrysosplenium* Linn.

【种　名】毛金腰 *Chrysosplenium pilosum* Maxim.

【生　境】生于山谷林下阴湿处。

【分布型】中国 - 日本（SJ）分布。

【属　名】金腰属 *Chrysosplenium* Linn.

【种　名】中华金腰 *Chrysosplenium sinicum* Maxim.

【生　境】生于山谷林下阴湿处。

【分布型】中国特有分布。

【属　名】溲疏属 *Deutzia* Thunb.

【种　名】大花溲疏 *Deutzia grandiflora* Bge.

【生　境】生于山坡、山谷或路旁。

【分布型】中国特有分布。

【属　名】溲疏属 *Deutzia* Thunb.

【种　名】小花溲疏 *Deutzia parviflora* Bge.

【生　境】生于山坡林缘或路旁。

【分布型】中国 - 日本（SJ）分布。

【属　名】绣球属 *Hydrangea* Linn.

【种　名】东陵绣球（东陵八仙花）*Hydrangea bretschneideri* Dipp.

【生　境】生于山坡林中。

【分布型】中国特有分布。

【属　名】山梅花属 *Philadelphus* Linn.

【种　名】山梅花 *Philadelphus incanus* Koehne

【生　境】生于山坡、山谷林中。

【分布型】中国特有分布。

【属　名】山梅花属 *Philadelphus* Linn.

【种　名】太平花 *Philadelphus pekinensis* Rupr.

【生　境】生于山坡、山谷林中或路旁。

【分布型】中国 - 日本（SJ）分布。

【属　名】茶藨子属 *Ribes* Linn.

【种　名】糖茶藨子 *Ribes himalense* Royle ex Decne.

【生　境】生于山坡林中。

【分布型】中国 - 喜马拉雅（SH）分布。

30 蔷薇科 Rosaceae

【属　名】龙芽草属 *Agrimonia* Linn.

【种　名】龙芽草 *Agrimonia pilosa* Ledeb.

【生　境】生于山坡草地、路旁。

【分布型】欧亚温带分布。

【属　名】桃属 *Amygdalus* Linn.

【种　名】山桃 *Amygdalus davidiana* (Carr.) Fr.

【生　境】生于山坡上。

【分布型】中国特有分布。

【属　名】桃属 *Amygdalus* Linn.

【种　名】陕甘山桃 *Amygdalus davidiana* var. *potaninii* (Batal.) T. T. Yu et L. T. Lu

【生　境】生于海拔 900 m 以上的山坡灌丛中或疏林下。

【分布型】中国特有分布。

【属　名】杏属 *Armeniaca* Mill.

【种　名】山杏 *Armeniaca sibirica* (Linn.) Lam.

【生　境】生于海拔 1 780 m 以下的山坡向阳处或灌丛中。

【分布型】温带亚洲分布。

【属 名】樱属 *Cerasus* Mill.

【种 名】毛叶欧李 *Cerasus dictyoneura* (Diels) Holub

【生 境】生于海拔 1 600 m 以下的山坡灌丛中。

【分布型】中国特有分布。

【属　名】樱属 *Cerasus* Mill.

【种　名】多毛樱桃 *Cerasus polytricha* (Koehne) Yu et Li

【生　境】生于海拔 1 000 m 以上的山坡或山谷林中。

【分布型】中国特有分布。

【属　名】樱属 *Cerasus* Mill.

【种　名】毛樱桃 *Cerasus tomentosa* (Thunb.) Wall.

【生　境】生于海拔 1 780 m 以下的山坡林中、灌丛中。

【分布型】中国特有分布。

【属　名】栒子属 *Cotoneaster* B. Ehrhart.

【种　名】灰栒子 *Cotoneaster acutifolius* Turcz.

【生　境】生于海拔 1 000 m 以上的山坡或山沟杂木林中。

【分布型】温带亚洲分布。

【属　名】栒子属 *Cotoneaster* B. Ehrhart.

【种　名】水栒子 *Cotoneaster multiflorus* Bge.

【生　境】生于海拔 1 780 m 以下的山坡或沟谷杂木林中。

【分布型】欧亚温带分布。

【属　名】栒子属 *Cotoneaster* B. Ehrhart.

【种　名】毛叶水栒子 *Cotoneaster submultiflorus* Popov

【生　境】生于海拔 1 780 m 以下的山坡、山谷或林缘灌丛中。

【分布型】中亚分布。

【属　名】栒子属 *Cotoneaster* B. Ehrhart.

【种　名】西北栒子 *Cotoneaster zabelii* Schneid.

【生　境】生于海拔 1 780 m 以下的山坡、山谷或灌丛中。

【分布型】中国特有分布。

【属　名】山楂属 *Crataegus* Linn.

【种　名】湖北山楂 *Crataegus hupehensis* Sarg.

【生　境】生于海拔 1 780 m 以下的山坡杂木林中。

【分布型】中国特有分布。

【属　名】山楂属 *Crataegus* Linn.
【种　名】甘肃山楂 *Crataegus kansuensis* Wils.
【生　境】生于海拔 1 780 m 以下的山沟杂木林中。
【分布型】中国特有分布。

【属　名】山楂属 *Crataegus* Linn.

【种　名】桔红山楂 *Crataegus aurantia* Pojark.

【生　境】生于海拔 1 000 m 以上的山坡、山谷杂木林中或林缘。

【分布型】中国特有分布。

【属　名】蛇莓属 *Duchesnea Juglans* E. Smith

【种　名】蛇莓 *Duchesnea indica* (Andr.) Focka

【生　境】生于海拔 1 780 m 以下的山坡草地、路旁或阴湿的沟边。

【分布型】热带亚洲分布。

【属　名】白鹃梅属 *Exochorda* Lindl.

【种　名】红柄白鹃梅 *Exochorda giraldii* Hesse.

【生　境】生于山坡林中。

【分布型】中国特有分布。

【属　名】草莓属 *Fragaria* Linn.

【种　名】东方草莓 *Fragaria orientalis* Lozinsk.

【生　境】生于海拔 1 780 m 以下的山坡草地或林下。

【分布型】中国 - 日本（SJ）分布。

【属　名】路边青属 *Geum* Linn.
【种　名】路边青 *Geum aleppicum* Jacq.
【生　境】生于山坡草地或路旁。
【分布型】北温带分布。

【属　名】苹果属 *Malus* Mill.

【种　名】山荆子 *Malus baccata* (Linn.) Borkh.

【生　境】生于海拔 1 780 m 以下的山坡或山谷杂木林中。

【分布型】温带亚洲分布。

【属　名】苹果属 *Malus* Mill.

【种　名】湖北海棠 *Malus hupehensis* (Pamp.) Rehd.

【生　境】生于海拔 1 780 m 以下的山坡或山谷杂木林中。

【分布型】中国特有分布。

【属　名】苹果属 *Malus* Mill.

【种　名】河南海棠 *Malus honanensis* Rehd.

【生　境】生于海拔 1 780 m 的山坡林中或林缘。

【分布型】中国特有分布。

【属　名】苹果属 *Malus* Mill.

【种　名】楸子（海棠果）*Malus prunifolia* (Willd.) Borkh.

【生　境】生于海拔 1 780 m 以下的山坡林中。

【分布型】中国特有分布。

【属　名】苹果属 *Malus* Mill.

【种　名】花叶海棠 *Malus transitoria* (Batal.) Schneid.

【生　境】生于海拔 1 500 m 以上的山坡和沟谷林中。

【分布型】中国特有分布。

【属　名】委陵菜属 *Potentilla* Linn.

【种　名】蕨麻（鹅绒委陵菜）*Potentilla anserina* Linn.

【生　境】生于海拔 1 780 m 以下的山坡草地、河岸、路旁等。

【分布型】北温带分布。

【属　名】委陵菜属 *Potentilla* Linn.

【种　名】二裂委陵菜 *Potentilla bifurca* Linn.

【生　境】生于山坡草地、路旁。

【分布型】欧亚温带分布。

【属　名】委陵菜属 *Potentilla* Linn.

【种　名】委陵菜 *Potentilla chinensis* Ser.

【生　境】生于海拔 1 780 m 以下的山坡草地、沟谷、林缘。

【分布型】中国 - 日本（SJ）分布。

【属　名】委陵菜属 *Potentilla* Linn.

【种　名】翻白草 *Potentilla discolor* Bge.

【生　境】生于海拔 1 780 m 以下的山坡草地、沟谷。

【分布型】中国 - 日本（SJ）分布。

【属　名】委陵菜属 *Potentilla* Linn.

【种　名】莓叶委陵菜 *Potentilla fragarioides* Linn.

【生　境】生于海拔 1 780 m 以下的山坡草地、沟谷或疏林下。

【分布型】温带亚洲分布。

【属　名】委陵菜属 *Potentilla* Linn.

【种　名】多茎委陵菜 *Potentilla multicaulis* Bge.

【生　境】生于海拔 1 780 m 以下的山坡草地、河滩、路旁或疏林下。

【分布型】温带亚洲分布。

【属　名】委陵菜属 *Potentilla* Linn.

【种　名】多裂委陵菜 *Potentilla multifida* Linn.

【生　境】生于海拔 1 500 m 以上的山坡草地、沟谷。

【分布型】北温带分布。

【属　名】委陵菜属 *Potentilla* Linn.

【种　名】绢毛匍匐委陵菜 *Potentilla reptans* var. *sericophylla* Franch.

【生　境】生于山坡草地、路旁。

【分布型】中国特有分布。

【属　名】扁核木属 *Prinsepia* Royle

【种　名】蕤核（扁核木、马茹）*Prinsepia uniflora* Batal.

【生　境】生于向阳的山坡上。

【分布型】中国特有分布。

【属　名】稠李属 *Padus* Mill.

【种　名】稠李 *Padus avium* Mill.

【生　境】生于山坡杂木林中。

【分布型】中国 - 日本（SJ）分布。

【属　名】李属 *Prunus* Linn.

【种　名】李 *Prunus salicina* Lindl.

【生　境】生于海拔 1 780 m 以下的山坡或山谷中。

【分布型】中国特有分布。

【属　名】梨属 *Pyrus* Linn.

【种　名】杜梨 *Pyrus betulifolia* Bge.

【生　境】生于海拔 1 780 m 以下的山坡林中。

【分布型】中国特有分布。

【属　名】梨属 *Pyrus* Linn.

【种　名】木梨（野梨）*Pyrus xerophila* T. T. Yu

【生　境】生于山坡杂木林中。

【分布型】中国特有分布。

【属　名】蔷薇属 *Rosa* Linn.

【种　名】刺蔷薇 *Rosa acicularis* Lindl.

【生　境】生于海拔 1 780 m 以下的山坡林下或灌丛中。

【分布型】北温带分布。

【属　名】蔷薇属 *Rosa* Linn.

【种　名】黄蔷薇 *Rosa hugonis* Hemsl.

【生　境】生于海拔 1 500 m 以下的向阳山坡灌丛中。

【分布型】中国特有分布。

【属　名】悬钩子属 *Rubus* Linn.

【种　名】牛叠肚 *Rubus crataegifolius* Bge.

【生　境】生于海拔 1 500 m 以下的山坡林缘或灌丛中。

【分布型】中国 - 日本（SJ）分布。

【属　名】悬钩子属 *Rubus* Linn.

【种　名】喜阴悬钩子 *Rubus mesogaeus* Focke

【生　境】生于海拔 1 780 m 以下的山坡林下或山谷阴湿处。

【分布型】东亚分布。

【属　名】悬钩子属 *Rubus* Linn.

【种　名】茅莓 *Rubus parvifolius* Linn.

【生　境】生于海拔 1 780 m 以下的向阳山坡林下或山谷路旁。

【分布型】东亚分布。

【属　名】悬钩子属 *Rubus* Linn.

【种　名】腺花茅莓 *Rubus parvifolius* var. *adenochlamys* (Focke) Migo

【生　境】生于海拔 1 780 m 以下的向阳山坡林下或山谷路旁。

【分布型】东亚分布。

【属　名】悬钩子属 *Rubus* Linn.

【种　名】菰帽悬钩子 *Rubus pileatus* Focke

【生　境】生于海拔 1 200 m 以上的山坡疏林下或山谷阴湿地。

【分布型】中国特有分布。

【属　名】地榆属 *Sanguisorba* Linn.

【种　名】地榆 *Sanguisorba officinalis* Linn.

【生　境】生于海拔 1 780 m 以下的山坡草地、灌丛中或疏林下。

【分布型】欧亚温带分布。

【属　名】花楸属 *Sorbus* Linn.

【种　名】湖北花楸 *Sorbus hupehensis* C. K. Schneid.

【生　境】生于山坡林中。

【分布型】中国特有分布。

【属　名】绣线菊属 *Spiraea* Linn.

【种　名】耧斗菜叶绣线菊 *Spiraea aquilegiifolia* Pall.

【生　境】生于海拔 1 780 m 以下的多石砾坡地。

【分布型】温带亚洲分布。

【属　名】绣线菊属 *Spiraea* Linn.

【种　名】土庄绣线菊 *Spiraea pubescens* Turcz.

【生　境】生于海拔 1 780 m 以下的山坡林下或灌丛中。

【分布型】温带亚洲分布。

【属　名】绣线菊属 *Spiraea* Linn.

【种　名】三裂绣线菊 *Spiraea trilobata* Linn.

【生　境】生于海拔 1 780 m 以下的山坡灌丛中、林缘。

【分布型】中国 - 日本（SJ）分布。

31 豆科 Fabaceae

【属　名】两型豆属 *Amphicarpaea* Ell. ex Nutt.

【种　名】两型豆 *Amphicarpaea edgeworthii* Benth.

【生　境】生于山坡草地上或路旁。

【分布型】东亚分布。

【属　名】黄耆属 *Astragalus* Linn.

【种　名】达乌里黄耆（兴安黄耆）*Astragalus dahuricus* (Pall.) DC.

【生　境】生于海拔 1 780 m 以下的山坡、河滩等处。

【分布型】温带亚洲分布。

【属　名】黄耆属 *Astragalus* Linn.

【种　名】鸡峰山黄耆 *Astragalus kifonsanicus* Ulbr.

【生　境】生于海拔 1 500 m 以下的山坡上。

【分布型】中国特有分布。

【属　名】黄耆属 *Astragalus* Linn.

【种　名】斜茎黄耆（直立黄耆、沙大旺）*Astragalus laxmannii* Jacq.

【生　境】生于向阳山坡、河滩、草地。

【分布型】温带亚洲分布。

【属　名】黄耆属 *Astragalus* Linn.

【种　名】草木樨状黄耆 *Astragalus melilotoides* Pall.

【生　境】生于海拔 1 780 m 以下的干旱山坡及草地上。

【分布型】温带亚洲分布。

【属　名】黄耆属 *Astragalus* Linn.

【种　名】糙叶黄耆 *Astragalus scaberrimus* Bge.

【生　境】生于海拔 1780 m 以下的山坡上。

【分布型】温带亚洲分布。

【属　名】黄耆属 *Astragalus* Linn.

【种　名】小米黄耆 *Astragalus satoi* Kitagawa

【生　境】生于海拔 1 000 m 以上的山坡阴处和草地。

【分布型】中国特有分布。

【属　名】黄耆属 *Astragalus* Linn.

【种　名】乳白黄耆 *Astragalus galactites* Pall.

【生　境】生于海拔 1 000 m 以上的向阳山坡上。

【分布型】温带亚洲分布。

【属　名】膨果豆属 *Phyllolobium* Fisch.

【种　名】背扁膨果豆 *Phyllolobium chinense* Fisch.

【生　境】生于干旱草坡上或路边。

【分布型】中国特有分布。

【属　名】杭子梢属 *Campylotropis* Bge.

【种　名】杭子梢 *Campylotropis macrocarpa* (Bge.) Rehd.

【生　境】生于山坡林中、林缘。

【分布型】中国 - 日本（SJ）分布。

【属　名】锦鸡儿属 *Caragana* Fabr.

【种　名】红花锦鸡儿 *Caragana rosea* Turcz. ex Maxim.

【生　境】生于山坡、山谷中。

【分布型】中国特有分布。

【属　名】大豆属 *Glycine* Linn.

【种　名】野大豆 *Glycine soja* Sieb. et Zucc.

【生　境】生于山坡潮湿的草地上、林缘或路旁。

【分布型】温带亚洲分布。

【属　名】米口袋属 *Gueldenstedtia* Fisch.

【种　名】少花米口袋（米口袋、狭叶米口袋）*Gueldenstaedtia verna* (Georg.) Boriss.

【生　境】生于山坡草地上。

【分布型】温带亚洲分布。

【属　名】长柄山蚂蝗属 *Hylodesmum* H. Ohashi et R. R. Mill

【种　名】长柄山蚂蝗 *Hylodesmum podocarpum* (DC.) H. Ohashi et R. R. Mill

【生　境】生于山坡林下。

【分布型】东亚分布。

【属　名】木蓝属 *Indigofera* Linn.

【种　名】多花木蓝 *Indigofera amblyantha* Craib

【生　境】生于山坡草地、路旁灌丛中。

【分布型】中国特有分布。

【属　名】木蓝属 *Indigofera* Linn.

【种　名】河北木蓝（铁扫帚）*Indigofera bungeana* Walp.

【生　境】生于山坡草地。

【分布型】中国 - 日本（SJ）分布。

【属　名】木蓝属 *Indigofera* Linn.
【种　名】苏木蓝 *Indigofera carlesii* Craib
【生　境】生于山坡路旁。
【分布型】中国特有分布。

【属　名】鸡眼草属 *Kummerowia* Schindl.

【种　名】鸡眼草（掐不齐）*Kummerowia striata* (Thunb.) Schindl.

【生　境】生于山坡草地、路旁。

【分布型】东亚分布。

【属　名】山黧豆属 *Lathyrus* Linn.

【种　名】大山黧豆 *Lathyrus davidii* Hance

【生　境】生于山坡、林缘。

【分布型】中国 - 日本（SJ）分布。

【属　名】山黧豆属 *Lathyrus* Linn.

【种　名】山黧豆 *Lathyrus quinquenervius* (Miq.) Litv.

【生　境】生于山坡、林缘、路旁。

【分布型】中国 - 日本（SJ）分布。

【属　名】胡枝子属 *Lespedeza* Michx.

【种　名】胡枝子 *Lespedeza bicolor* Turcz.

【生　境】生于山坡林下。

【分布型】中国 - 日本（SJ）分布。

【属　名】胡枝子属 *Lespedeza* Michx.

【种　名】长叶胡枝子（长叶铁扫帚）*Lespedeza caraganae* Bge.

【生　境】生于山坡、山谷中。

【分布型】中国特有分布。

【属　名】胡枝子属 *Lespedeza* Michx.

【种　名】短梗胡枝子 *Lespedeza cyrtobotrya* Miq.

【生　境】生于山坡林下。

【分布型】中国 - 日本（SJ）分布。

【属　名】胡枝子属 *Lespedeza* Michx.

【种　名】兴安胡枝子（达乌里胡枝子）*Lespedeza davurica* (Laxm.) Schindl.

【生　境】生于海拔 1 500 m 以下的干旱山坡、杂类草丛等处。

【分布型】温带亚洲分布。

【属　名】胡枝子属 *Lespedeza* Michx.

【种　名】多花胡枝子 *Lespedeza floribunda* Bge.

【生　境】生于海拔 1 300 m 以下的石质山坡、河滩和林缘。

【分布型】中国 - 喜马拉雅（SH）分布。

【属　名】胡枝子属 *Lespedeza* Michx.

【种　名】阴山胡枝子（白指甲花）*Lespedeza inschanica* (Maxim.) Schindl.

【生　境】生于海拔 1 500 m 以下的干旱山坡草地。

【分布型】中国 - 日本（SJ）分布。

【属　名】胡枝子属 *Lespedeza* Michx.

【种　名】牛枝子 *Lespedeza potaninii* Vass.

【生　境】生于山坡砾石地。

【分布型】中国特有分布。

【属　名】胡枝子属 *Lespedeza* Michx.

【种　名】美丽胡枝子 *Lespedeza thunbergii* subsp. *formosa* (Vogel) H. Ohashi

【生　境】生于山坡林下。

【分布型】东亚分布。

【属　名】苜蓿属 *Medicago* Linn.

【种　名】天蓝苜蓿 *Medicago lupulina* Linn.

【生　境】生于山坡草地、路旁。

【分布型】温带亚洲分布。

【属　名】苜蓿属 *Medicago* Linn.

【种　名】花苜蓿（扁蓿豆）*Medicago ruthenica* (Linn.) Trautv.

【生　境】生于山坡草地、林缘。

【分布型】温带亚洲分布。

【属　名】草木犀属 *Melilotus* Mill.

【种　名】草木犀 *Melilotus officinalis* (Linn.) Lam.

【生　境】生于山坡草地、林缘、路旁。

【分布型】欧亚温带分布。

【属　名】草木犀属 *Melilotus* Mill.
【种　名】白花草木犀 *Melilotus albus* Med.
【生　境】生于山坡草地、路旁。
【分布型】欧亚温带分布。

【属　名】棘豆属 *Oxytropis* DC.

【种　名】地角儿苗（二色棘豆）*Oxytropis bicolor* Bge.

【生　境】生于海拔 1 780 m 以下的山坡、路旁。

【分布型】温带亚洲分布。

【属　名】棘豆属 *Oxytropis* DC.

【种　名】硬毛棘豆（毛棘豆）*Oxytropis hirta* Bge.

【生　境】生于山坡草地上。

【分布型】温带亚洲分布。

【属　名】葛藤属 *Pueraria* DC.

【种　名】葛藤 *Pueraria montana* (Lour.) Merr.

【生　境】生于山地林中。

【分布型】热带亚洲和热带大洋洲分布。

【属　名】槐属 *Sophora* Linn.

【种　名】苦参 *Sophora flavescens* Ait.

【生　境】生于山坡林下、林缘。

【分布型】东亚分布。

【属　名】槐属 *Sophora* Linn.

【种　名】槐（国槐）*Sophora japonica* Linn.

【生　境】生于山坡、山谷中。

【分布型】中国 - 日本（SJ）分布。

【属　名】槐属 *Sophora* Linn.

【种　名】白刺花（狼牙刺）*Sophora davidii* (Franch.) Skeels

【生　境】生于山坡、沟谷或路旁灌丛中。

【分布型】中国特有分布。

【属　名】野豌豆属 *Vicia* Linn.

【种　名】山野豌豆 *Vicia amoena* Fisch.

【生　境】生于山坡杂木林中。

【分布型】温带亚洲分布。

【属　名】野豌豆属 *Vicia* Linn.

【种　名】野豌豆 *Vicia sepium* Linn.

【生　境】生于山坡草丛中。

【分布型】中国特有分布。

【属　名】野豌豆属 *Vicia* Linn.

【种　名】大野豌豆 *Vicia sinogigantea* B. J. Bao et Turland

【生　境】生于山坡林下、草丛、灌丛中。

【分布型】中国特有分布。

【属　名】野豌豆属 *Vicia* Linn.

【种　名】歪头菜 *Vicia unijuga* A. Br.

【生　境】生于山坡草地、林缘、路旁。

【分布型】温带亚洲分布。

【属　名】紫藤属 *Wisteria* Nutt.

【种　名】紫藤 *Wisteria sinensis* (Sims) Sweet.

【生　境】生于海拔 1 000 m 以下的山坡上。

【分布型】中国特有分布。

32 酢酱草科 Oxalidaceae

【属　名】酢浆草属 *Oxalis* Linn.

【种　名】酢浆草 *Oxalis corniculata* Linn.

【生　境】生于林下阴湿处。

【分布型】世界分布。

33 牻牛儿苗科 Geraniaceae

【属　名】牻牛儿苗属 *Erodium* L'Her. ex Aiton

【种　名】牻牛儿苗（太阳花）*Erodium stephanianum* Willd.

【生　境】生于山坡草地上。

【分布型】中亚、西亚至地中海分布。

【属　名】老鹳草属 *Geranium* Linn.

【种　名】鼠掌老鹳草 *Geranium sibiricum* Linn.

【生　境】生于山坡草地上。

【分布型】中国 - 日本（SJ）分布。

【属　名】老鹳草属 *Geranium* Linn.

【种　名】老鹳草 *Geranium wilfordii* Maxim.

【生　境】生于山坡草地上。

【分布型】中国 - 日本（SJ）分布。

34 亚麻科 Linaceae

【属　名】亚麻属 *Linum* Linn.

【种　名】野亚麻 *Linum stelleroides* Planch.

【生　境】生于山坡草地上。

【分布型】温带亚洲分布。

35 蒺藜科 Zygophyllaceae

【属　名】蒺藜属 *Tribulus* Linn.

【种　名】蒺藜 *Tribulus terrestris* Linn.

【生　境】生于山坡草地或路旁。

【分布型】世界分布。

36 芸香科 Rutaceae

【属　名】黄檗属 *Phellodendron* Rupr.

【种　名】黄檗 *Phellodendron amurense* Rupr.

【生　境】生于山坡林中。

【分布型】中国 - 日本（SJ）分布。

【属　名】吴茱萸属 *Tetradium* Lour.

【种　名】臭檀吴萸（臭檀）*Tetradium daniellii* (Benn.) Hartl.

【生　境】生于向阳的山坡林中。

【分布型】中国 - 日本（SJ）分布。

【属　名】花椒属 *Zanthoxylum* Linn.
【种　名】花椒 *Zanthoxylum bungeanum* Maxim.
【生　境】生于山坡、山谷林中。
【分布型】中国特有分布。

37 苦木科 Simaroubaceae

【属　名】臭椿属 *Ailanthus* Desf.

【种　名】臭椿 *Ailanthus altissima* (Mill.) Swingle

【生　境】生于山坡疏林中或路旁。

【分布型】中国特有分布。

【属　名】苦木属 *Picrasma* Bl.

【种　名】苦树（苦木）*Picrasma quassioides* (D. Don) Benn.

【生　境】生于山坡林中。

【分布型】东亚分布。

38 楝科 Meliaceae

【属　名】香椿属 *Toona* Roem.

【种　名】香椿 *Toona sinensis* (A. Juss.) Roem.

【生　境】生于山坡疏林中。

【分布型】东亚分布。

39 远志科 Polygalaceae

【属　名】远志属 *Polygala* Linn.

【种　名】西伯利亚远志 *Polygala sibirica* Linn.

【生　境】生于山坡草地或林缘。

【分布型】欧亚温带分布。

【属　名】远志属 *Polygala* Linn.

【种　名】远志 *Polygala tenuifolia* Willd.

【生　境】生于山坡草地或杂木林下。

【分布型】欧亚温带分布。

40 大戟科 Euphorbiaceae

【属　名】铁苋菜属 *Acalypha* Linn.

【种　名】铁苋菜 *Acalypha australis* Linn.

【生　境】生于山坡较湿润的草地。

【分布型】东亚分布。

【属　名】大戟属 *Euphorbia* Linn.

【种　名】乳浆大戟 *Euphorbia esula* Linn.

【生　境】生于山坡草地、路旁。

【分布型】欧亚温带分布。

【属　名】大戟属 *Euphorbia* Linn.

【种　名】地锦（地锦草）*Euphorbia humifusa* Willd.

【生　境】生于山坡、路旁等。

【分布型】欧亚温带分布。

【属　名】大戟属 *Euphorbia* Linn.

【种　名】大戟 *Euphorbia pekinensis* Rupr.

【生　境】生于山坡草地、疏林中、路旁等。

【分布型】中国 - 日本（SJ）分布。

【属　名】白饭树属 *Flueggea* Willd.

【种　名】一叶萩（叶底珠）*Flueggea suffruticosa* (Pall.) Baill.

【生　境】生于山坡林中。

【分布型】温带亚洲分布。

【属　名】地构叶属 *Speranskia* Baill.

【种　名】地构叶 *Speranskia tuberculata* (Bge.) Baill.

【生　境】生于山坡草丛中。

【分布型】中国特有分布。

41 漆树科 Anacardiaceae

【属　名】黄栌属 *Cotinus* Mill.

【种　名】毛黄栌 *Cotinus coggygria* var. *pubescens* Engl.

【生　境】生于海拔 1 500 m 以下的山坡林中或路旁。

【分布型】欧亚温带分布。

【属　名】黄连木属 *Pistacia* Linn.

【种　名】黄连木 *Pistacia chinensis* Bge.

【生　境】生于山坡林中。

【分布型】中国特有分布。

【属　名】盐肤木属 *Rhus* Linn.

【种　名】青肤杨 *Rhus potaninii* Maxim.

【生　境】生于山坡林中。

【分布型】中国特有分布。

【属　名】漆树属 *Toxicodendron* (Tourn.) Mill.

【种　名】漆树 *Toxicodendron vernicifluum* (Stokes) F. A. Barkley

【生　境】生于向阳的山坡林中。

【分布型】东亚分布。

42 卫矛科 Celastraceae

【属　名】南蛇藤属 *Celastrus* Linn.

【生　境】苦皮藤 *Celastrus angulatus* Maxim.

【生　境】生于海拔 1 000 m 以上的山坡林中。

【分布型】中国特有分布。

【属　名】南蛇藤属 *Celastrus* Linn.

【种　名】南蛇藤 *Celastrus orbiculatus* Thunb.

【生　境】生于海拔 1 780 m 以下的山坡疏林中。

【分布型】中国 - 日本（SJ）分布。

【属　名】卫矛属 *Euonymus* Linn.

【种　名】白杜（丝棉木、华北卫矛） *Euonymus maackii* Rupr.

【生　境】生于山坡林中。

【分布型】中国 - 日本（SJ）分布。

【属　名】卫矛属 *Euonymus* Linn.

【种　名】卫矛 *Euonymus alatus* (Thunb.) Sieb.

【生　境】生于山坡林中。

【分布型】中国特有分布。

【属　名】卫矛属 *Euonymus* Linn.

【种　名】栓翅卫矛 *Euonymus phellomanus* Loes.

【生　境】生于山谷林中。

【分布型】中国特有分布。

43 省沽油科 Staphyleaceae

【属　名】省沽油属 *Staphylea* Linn.

【种　名】膀胱果 *Staphylea holocarpa* Hemsl.

【生　境】生于山坡、山谷疏林中。

【分布型】中国特有分布。

44 槭树科 Aceraceae

【属　名】槭属 *Acer* Linn.
【种　名】青榨槭 *Acer davidii* Franch.
【生　境】生于海拔 1 500 m 以下的山坡疏林中。
【分布型】中国特有分布。

【属　名】槭属 *Acer* Linn.

【种　名】五角枫 *Acer pictum* subsp. *mono* (Maxim.) H. Ohashi

【生　境】生于山坡阔叶林中。

【分布型】中国 - 日本（SJ）分布。

【属　名】槭属 *Acer* Linn.

【种　名】细裂槭 *Acer pilosum* var. *stenolobum* (Rehd.) W. P. Fang.

【生　境】生于海拔 1 000 ～ 1 500 m 之间的山坡较阴湿处。

【分布型】中国特有分布。

【属　名】槭属 *Acer* Linn.

【种　名】茶条槭 *Acer tataricum* subsp. *ginnala* (Maxim.) Wesm.

【生　境】生于山坡疏林中。

【分布型】温带亚洲分布。

【属　名】槭属 *Acer* Linn.

【种　名】元宝枫 *Acer truncatum* Bge.

【生　境】生于山坡疏林中。

【分布型】中国特有分布。

45 无患子科 Sapindaceae

【属　名】栾树属 *Koelreuteria* Laxm.

【种　名】栾树 *Koelreuteria paniculata* Laxm.

【生　境】生于山谷林中。

【分布型】中国特有分布。

【属　名】文冠果属 *Xanthoceras* Bge.

【种　名】文冠果 *Xanthoceras sorbifolium* Bge.

【生　境】生于山谷林中。

【分布型】中国特有分布。

46 清风藤科 Sabiaceae

【属　名】泡花树属 *Meliosma* Bl.

【种　名】泡花树 *Meliosma cuneifolia* Franch.

【生　境】生于山谷林中。

【分布型】中国特有分布。

47 凤仙花科 Balsaminaceae

【属　名】凤仙花属 *Impatiens* Linn.

【种　名】水金凤 *Impatiens noli-tangere* Linn.

【生　境】生于山坡林中阴湿处。

【分布型】中国 - 日本（SJ）分布。

48 鼠李科 Rhamnaceae

【属　名】枳椇属 *Hovenia* Thunb.

【种　名】北枳椇（拐枣）*Hovenia dulcis* Thunb.

【生　境】生于山谷林中。

【分布型】中国 - 日本（SJ）分布。

【属　名】鼠李属 *Rhamnus* Linn.

【种　名】柳叶鼠李（黑疙瘩）*Rhamnus erythroxylum* Pall.

【生　境】生于海拔 1 000 m 以上的山坡林中。

【分布型】温带亚洲分布。

【属　名】鼠李属 *Rhamnus* Linn.

【种　名】小叶鼠李 *Rhamnus parvifolia* Bge.

【生　境】生于向阳山坡。

【分布型】温带亚洲分布。

【属　名】鼠李属 *Rhamnus* Linn.

【种　名】冻绿（鼠李）*Rhamnus utilis* Decne.

【生　境】生于山坡疏林或灌丛中。

【分布型】中国 - 日本（SJ）分布。

【属　名】雀梅藤属 *Sageretia* Brongn.

【种　名】少脉雀梅藤（对节木）*Sageretia paucicostata* Maxim.

【生　境】生于山坡或山谷疏林或灌丛中。

【分布型】中国特有分布。

【属　名】枣属 *Zizyphus* Mill.

【种　名】酸枣 *Zizyphus jujuba* var. *spinosa* (Bge.) Hu ex H. F. Chow

【生　境】生于向阳的干山坡上。

【分布型】中国特有分布。

49 葡萄科 Vitaceae

【属　名】蛇葡萄属 *Ampelopsis* Michx.

【种　名】乌头叶蛇葡萄 *Ampelopsis aconitifolia* Bge.

【生　境】生于山坡草地或灌丛中。

【分布型】中国特有分布。

【属　名】蛇葡萄属 *Ampelopsis* Michx.

【种　名】掌裂蛇葡萄 *Ampelopsis delavayana* var. *glabra* (Diels et Gilg) C. L. Li

【生　境】生于山坡、山谷林中。

【分布型】中国特有分布。

【属　名】蛇葡萄属 *Ampelopsis* Michx.

【种　名】蓝果蛇葡萄（蛇葡萄）*Ampelopsis bodinieri* (Levl. et Vant.) Rehd.

【生　境】生于山谷林中。

【分布型】中国特有分布。

50 椴树科 Tiliaceae

【属　名】扁担杆属 *Grewia* Linn.

【种　名】小花扁担杆 *Grewia biloba* var. *parviflora* (Bge.) Hand.-Mzt.

【生　境】生于山坡林缘、路旁。

【分布型】中国特有分布。

【属　名】椴树属 *Tilia* Linn.

【种　名】少脉椴 *Tilia paucicostata* Maxim.

【生　境】生于山坡林中。

【分布型】中国特有分布。

51 锦葵科 Malvaceae

【属　名】苘麻属 *Abutilon* Mill.

【种　名】苘麻 *Abutilon theophrasti* Med.

【生　境】常见于路旁。

【分布型】泛热带分布。

【属　名】木槿属 *Hibiscus* Linn.

【种　名】野西瓜苗 *Hibiscus trionum* Linn.

【生　境】生于山坡草地或路旁。

【分布型】泛热带分布。

【属　名】锦葵属 *Malva* Linn.

【种　名】圆叶锦葵（野锦葵）*Malva pusilla* Smith

【生　境】生于山坡草地或路旁等。

【分布型】欧亚温带分布。

【属　名】锦葵属 *Malva* Linn.
【种　名】野葵 *Malva verticillata* Linn.
【生　境】生于山坡草地或路旁。
【分布型】欧亚温带分布。

52 猕猴桃科 Actinidiaceae

【属　名】猕猴桃属 *Actinidia* Lindl.

【种　名】软枣猕猴桃 *Actinidia arguta* (Sieb. et Zucc.) Planch. ex Miq.

【生　境】生于沟谷林中。

【分布型】中国 - 日本（SJ）分布。

53 藤黄科 Clusiaceae

【属　名】金丝桃属 *Hypericum* Linn.

【种　名】黄海棠 *Hypericum ascyron* Linn.

【生　境】生于山坡林下、溪旁等处。

【分布型】东亚和北美间断分布。

【属　名】金丝桃属 *Hypericum* Linn.

【种　名】赶山鞭（小金丝桃）*Hypericum attenuatum* C. E. C. Fisch. ex Choisy

【生　境】生于海拔 1 100 m 以下的山坡草地、林中、林缘等。

【分布型】温带亚洲分布。

54 堇菜科 Violaceae

【属　名】堇菜属 *Viola* Linn.

【种　名】鸡腿堇菜 *Viola acuminata* Ledeb.

【生　境】生于山坡草地。

【分布型】中国 - 日本（SJ）分布。

【属　名】堇菜属 *Viola* Linn.
【种　名】球果堇菜（毛果堇菜）*Viola collina* Bass.
【生　境】生于山坡草地。
【分布型】中国 - 日本（SJ）分布。

【属　名】堇菜属 *Viola* Linn.

【种　名】裂叶堇菜 *Viola dissecta* Ledeb.

【生　境】生于山坡草地、路旁等地。

【分布型】温带亚洲分布。

【属　名】堇菜属 *Viola* Linn.

【种　名】紫花地丁 *Viola philippica* Cav.

【生　境】生于山坡草地。

【分布型】中国 - 日本（SJ）分布。

【属　名】堇菜属 *Viola* Linn.

【种　名】早开堇菜 *Viola prionantha* Bge.

【生　境】生于山坡草地。

【分布型】中国 - 日本（SJ）分布。

【属　名】堇菜属 *Viola* Linn.

【种　名】斑叶堇菜 *Viola variegata* Fisch. ex Link

【生　境】生于山坡林下、草地或岩石缝隙中。

【分布型】中国 - 日本（SJ）分布。

55 瑞香科 Thymelaeaceae

【属　名】荛花属 *Wikstroemia* Endl.

【种　名】河朔荛花（羊厌厌）*Wikstroemia chamaedaphne* (Bge.) Meisn.

【生　境】生于海拔 1 780 m 以下的山坡及路旁。

【分布型】中国特有分布。

56 胡颓子科 Elaeagnaceae

【属　名】胡颓子属 *Elaeagnus* Linn.

【种　名】牛奶子 *Elaeagnus umbellata* Thunb.

【生　境】生于山坡林中。

【分布型】东亚分布。

【属 名】沙棘属 *Hippophae* Linn.

【种 名】中国沙棘 *Hippophae rhamnoides* subsp. *sinensis* Rousi

【生 境】生于山坡灌丛中。

【分布型】中国特有分布。

57 千屈菜科 Lythraceae

【属　名】千屈菜属 *Lythrum* Linn.

【种　名】千屈菜 *Lythrum salicaria* Linn.

【生　境】生于湿润草地上。

【分布型】世界分布。

58 八角枫科 Alangiaceae

【属　名】八角枫属 *Alangium* Lam.

【种　名】八角枫 *Alangium chinense* (Lour.) Harms

【生　境】生于山坡林中。

【分布型】热带亚洲和热带非洲分布。

59 柳叶菜科 Onagraceae

【属　名】柳叶菜属 *Epilobium* Linn.

【种　名】柳叶菜 *Epilobium hirsutum* Linn.

【生　境】生于河谷或路旁。

【分布型】欧亚温带分布。

【属　名】柳叶菜属 *Epilobium* Linn.

【种　名】毛脉柳叶菜 *Epilobium amurense* Hausskn.

【生　境】生于草坡或林缘湿润处。

【分布型】东亚分布。

【属　名】露珠草属 *Circaea* Linn.
【种　名】高山露珠草 *Circaea alpina* Linn.
【生　境】生于阔叶林下湿润地上。
【分布型】北温带分布。

【属　名】露珠草属 *Circaea* Linn.
【种　名】露珠草 *Circaea cordata* Royle
【生　境】生于山坡草地或路旁。
【分布型】东亚分布。

【属　名】露珠草属 *Circaea* Linn.

【种　名】谷蓼 *Circaea erubescens* Franch. et Sav.

【生　境】生于落叶阔叶林中。

【分布型】中国 - 日本（SJ）分布。

60 五加科 Araliaceae

【属　名】五加属 *Eleutherococcus* Maxim.

【种　名】短柄五加 *Eleutherococcus brachypus* (Harms) Nakai

【生　境】生于山坡林中。

【分布型】中国特有分布。

【属　名】五加属 *Eleutherococcus* Maxim.

【种　名】倒卵叶五加 *Acanthopanax obovatus* Hoo

【生　境】生于山坡林中。

【分布型】中国特有分布。

【属　名】楤木属 *Aralia* Linn.

【种　名】楤木 *Aralia chinensis* Linn.

【生　境】生于山坡林中或林缘。

【分布型】中国特有分布。

【属　名】刺楸属 *Kalopanax* Miq.

【种　名】刺楸 *Kalopanax septemlobus* (Thunb.) Koidz.

【生　境】生于向阳的山坡林中。

【分布型】中国 - 日本（SJ）分布。

61 伞形科 Apiaceae

【属　名】当归属 *Angelica* Linn.

【种　名】白芷 *Angelica dahurica* (Fisch. ex Hoffm.) Benth. et Hook. f. ex Franch. et Sav.

【生　境】生于山坡林下、林缘、山谷草地。

【分布型】中国特有分布。

【属　名】柴胡属 *Bupleurum* Linn.

【种　名】北柴胡（竹叶柴胡）*Bupleurum chinense* DC.

【生　境】生于向阳山坡上。

【分布型】中国特有分布。

【属　名】柴胡属 *Bupleurum* Linn.

【种　名】红柴胡（狭叶柴胡）*Bupleurum scorzonerifolium* Willd.

【生　境】生于向阳山坡上。

【分布型】温带亚洲分布。

【属　名】葛缕子属 *Carum* Linn.
【种　名】葛缕子 *Carum carvi* Linn.
【生　境】生于山坡草地、路旁。
【分布型】温带亚洲分布。

【属　名】蛇床属 *Cnidium* Cuss.

【种　名】蛇床（山胡萝卜）*Cnidium monnieri* (Linn.) Cuss.

【生　境】生于山坡草地、路旁。

【分布型】东亚和北美间断分布。

【属　名】鸭儿芹属 *Cryptotaenia* DC.

【种　名】鸭儿芹（鸭脚板）*Cryptotaenia japonica* Hasskarl

【生　境】生于山坡较阴湿地。

【分布型】中国 - 日本（SJ）分布。

【属　名】胡萝卜属 *Daucus* Linn.

【种　名】野胡萝卜 *Daucus carota* Linn.

【生　境】生于路旁。

【分布型】欧亚温带分布。

【属　名】藁本属 *Ligusticum* Linn.

【种　名】藁本 *Ligusticum sinense* Oliv.

【生　境】生于山坡林下或路旁。

【分布型】中国特有分布。

【属　名】水芹属 *Oenanthe* Linn.

【种　名】水芹（野芹菜）*Oenanthe javanica* (Bl.) DC.

【生　境】生于浅水低洼地、池沼、水沟旁。

【分布型】东亚分布。

【属　名】前胡属 *Peucedanum* Linn.

【种　名】华北前胡 *Peucedanum harry-smithii* Fedde ex Wolff

【生　境】生于山谷草地、山坡林缘。

【分布型】中国特有分布。

【属　名】茴芹属 *Pimpinella* Linn.

【种　名】直立茴芹 *Pimpinella smithii* H. Wolff

【生　境】生于山坡林下。

【分布型】中国特有分布。

【属　名】变豆菜属 *Sanicula* Linn.

【种　名】变豆菜 *Sanicula chinensis* Bge.

【生　境】生于阴湿的杂木林下、山坡路旁。

【分布型】中国 - 日本（SJ）分布。

【属 名】迷果芹属 *Sphallerocarpus* Bess.

【种 名】迷果芹（小叶山胡萝卜）*Sphallerocarpus gracilis* (Bess. ex Trev.) Koso-Poljansky

【生 境】生于山坡草地上。

【分布型】中国 - 日本（SJ）分布。

62 山茱萸科 Cornaceae

【属　名】山茱萸属 *Cornus* Linn.

【种　名】四照花 *Cornus kousa* subsp. *chinensis* (Osborn) Q. Y. Xiang

【生　境】生于山谷中。

【分布型】中国特有分布。

【属　名】山茱萸属 *Cornus* Linn.

【种　名】毛梾 *Cornus walteri* Wanger.

【生　境】生于山坡林中或路旁。

【分布型】中国特有分布。

63 鹿蹄草科 Pyrolaceae

【属　名】喜冬草属 *Chimaphila* Pursh
【种　名】喜冬草 *Chimaphila japonica* Miq.
【生　境】生于山坡林下。
【分布型】东亚分布。

【属 名】水晶兰属 *Monotropa* Linn.

【种 名】松下兰 *Monotropa hypopitys* Linn.

【生 境】生于山坡林下。

【分布型】北温带分布。

64 报春花科 Primulaceae

【属　名】点地梅属 *Androsace* Linn.

【种　名】点地梅 *Androsace umbellata* (Lour.) Merr.

【生　境】生于山坡草地或疏林下。

【分布型】东亚分布。

【属　名】珍珠菜属 *Lysimachia* Linn.

【种　名】虎尾草（狼尾花）*Lysimachia barystachys* Bge.

【生　境】生于山坡林下或路旁。

【分布型】中国 - 日本（SJ）分布。

【属　名】珍珠菜属 *Lysimachia* Linn.

【种　名】狭叶珍珠菜 *Lysimachia pentapetala* Bge.

【生　境】生于山坡草地上。

【分布型】中国特有分布。

65 白花丹科 Plumbaginaceae

【属　名】补血草属 *Limonium* Mill.
【种　名】二色补血草 *Limonium bicolor* (Bge.) Kuntze
【生　境】生于干旱山坡上。
【分布型】温带亚洲分布。

66 柿树科 Ebenaceae

【属　名】柿树属 *Diospyros* Linn.

【种　名】君迁子 *Diospyros lotus* Linn.

【生　境】生于山坡林中。

【分布型】欧亚温带分布。

67 木樨科 Oleaceae

【属　名】连翘属 *Forsythia* Vahl.

【种　名】连翘 *Forsythia suspensa* (Thunb.) Vahl.

【生　境】生于山坡灌丛中。

【分布型】中国特有分布。

【属　名】白蜡树属 *Fraxinus* Linn.

【种　名】白蜡树 *Fraxinus chinensis* Roxburgh

【生　境】生于山坡林中。

【分布型】中国 - 日本（SJ）分布。

【属　名】迎春花属 *Jasminum* Linn.

【种　名】迎春花 *Jasminum nudiflorum* Lindl.

【生　境】生于山坡灌丛中。

【分布型】中国特有分布。

【属　名】丁香属 *Syringa* Linn.

【种　名】紫丁香（华北紫丁香）*Syringa oblata* Lindl.

【生　境】生于山坡林缘或路旁。

【分布型】中国特有分布。

【属　名】丁香属 *Syringa* Linn.
【种　名】巧玲花（毛丁香）*Syringa pubescens* Turcz.
【生　境】生于山坡林缘。
【分布型】中国 - 日本（SJ）分布。

【属　名】流苏树属 *Chionanthus* Linn.

【种　名】流苏树 *Chionanthus retusus* Lindl. et Paxt.

【生　境】生于山坡林中。

【分布型】中国 - 日本（SJ）分布。

68 马钱科 Loganiaceae

【属　名】醉鱼草属 *Buddleja* Linn.

【种　名】互叶醉鱼草 *Buddleja alternifolia* Maxim.

【生　境】生于山坡灌丛中。

【分布型】中国特有分布。

69 龙胆科 Gentianaceae

【属　名】龙胆属 *Gentiana* Linn.

【种　名】秦艽 *Gentiana macrophylla* Pall.

【生　境】生于山坡草地。

【分布型】温带亚洲分布。

【属　名】龙胆属 *Gentiana* Linn.

【种　名】鳞叶龙胆 *Gentiana squarrosa* Ledeb.

【生　境】生于山坡草地。

【分布型】东亚分布。

【属　名】花锚属 *Halenia* Borckh.

【种　名】椭圆叶花锚 *Halenia elliptica* D. Don

【生　境】生于山坡草地或路旁。

【分布型】中国 - 喜马拉雅（SH）分布。

【属　名】翼萼蔓属 *Pterygocalyx* Maxim.

【种　名】翼萼蔓 *Pterygocalyx volubilis* Maxim.

【生　境】生于山坡林下。

【分布型】中国 - 日本（SJ）分布。

【属　名】獐牙菜属 *Swertia* Linn.

【种　名】獐牙菜 *Swertia bimaculata* (Sieb. et Zucc.) Hook. f. et Thoms.

【生　境】生于山坡草地上。

【分布型】东亚分布。

【属　名】獐牙菜属 *Swertia* Linn.

【种　名】北方獐牙菜 *Swertia diluta* (Turcz.) Benth. et Hook. f.

【生　境】生于山坡草地上。

【分布型】温带亚洲分布。

【属　名】獐牙菜属 *Swertia* Linn.

【种　名】歧伞獐牙菜 *Swertia dichotoma* Linn.

【生　境】生于山坡林缘。

【分布型】温带亚洲分布。

70 萝藦科 Asclepiadaceae

【属　名】鹅绒藤属 *Cynanchum* Linn.

【种　名】牛皮消 *Cynanchum auriculatum* Royle ex Wight

【生　境】生于山坡林中或路旁。

【分布型】欧亚温带分布。

【属　名】鹅绒藤属 *Cynanchum* Linn.

【种　名】白首乌 *Cynanchum bungei* Decne.

【生　境】生于山坡林下。

【分布型】中国 - 日本（SJ）分布。

【属　名】鹅绒藤属 *Cynanchum* Linn.
【种　名】鹅绒藤 *Cynanchum chinense* R. Br.
【生　境】生于山坡林下或路旁。
【分布型】温带亚洲分布。

【属　名】鹅绒藤属 *Cynanchum* Linn.

【种　名】隔山消 *Cynanchum wilfordii* (Maxim.) Hemsl.

【生　境】生于山坡或路旁草地。

【分布型】温带亚洲分布。

【属　名】萝藦属 *Metaplexis* R. Br.

【种　名】萝藦 *Metaplexis japonica* (Thunb.) Makino

【生　境】生于山坡林缘或路旁。

【分布型】中国 - 日本（SJ）分布。

【属　名】杠柳属 *Periploca* Linn.

【种　名】杠柳 *Periploca sepium* Bge.

【生　境】生于山坡林缘或路旁。

【分布型】中国特有分布。

71 旋花科 Convolvulaceae

【属　名】打碗花属 *Calystegia* R.Br.

【种　名】打碗花 *Calystegia hederacea* Wall. ex Roxb.

【生　境】生于山坡草丛中。

【分布型】欧亚温带分布。

【属　名】旋花属 *Convolvulus* Linn.

【种　名】田旋花 *Convolvulus arvensis* Linn.

【生　境】生于山坡草丛中或路旁。

【分布型】世界分布。

【属　名】鱼黄草属 *Merremia* Dennst. ex. Endl.

【种　名】北鱼黄草（西伯利亚鱼黄草）*Merremia sibirica* (Linn.) H. Hall

【生　境】生于山坡草丛中。

【分布型】温带亚洲分布。

【属　名】菟丝子属 *Cuscuta* Linn.

【种　名】金灯藤（日本菟丝子） *Cuscuta japonica* Choisy

【生　境】寄生于灌木或草本上。

【分布型】中国 - 日本（SJ）分布。

72 紫草科 Boraginaceae

【属　名】斑种草属 *Bothriospermum* Bge.

【种　名】斑种草 *Bothriospermum chinense* Bge.

【生　境】生于山坡草地上。

【分布型】中国特有分布。

【属　名】斑种草属 *Bothriospermum* Bge.

【种　名】狭苞斑种草 *Bothriospermum kusnezowii* Bge.

【生　境】生于山坡林缘、路旁。

【分布型】中国特有分布。

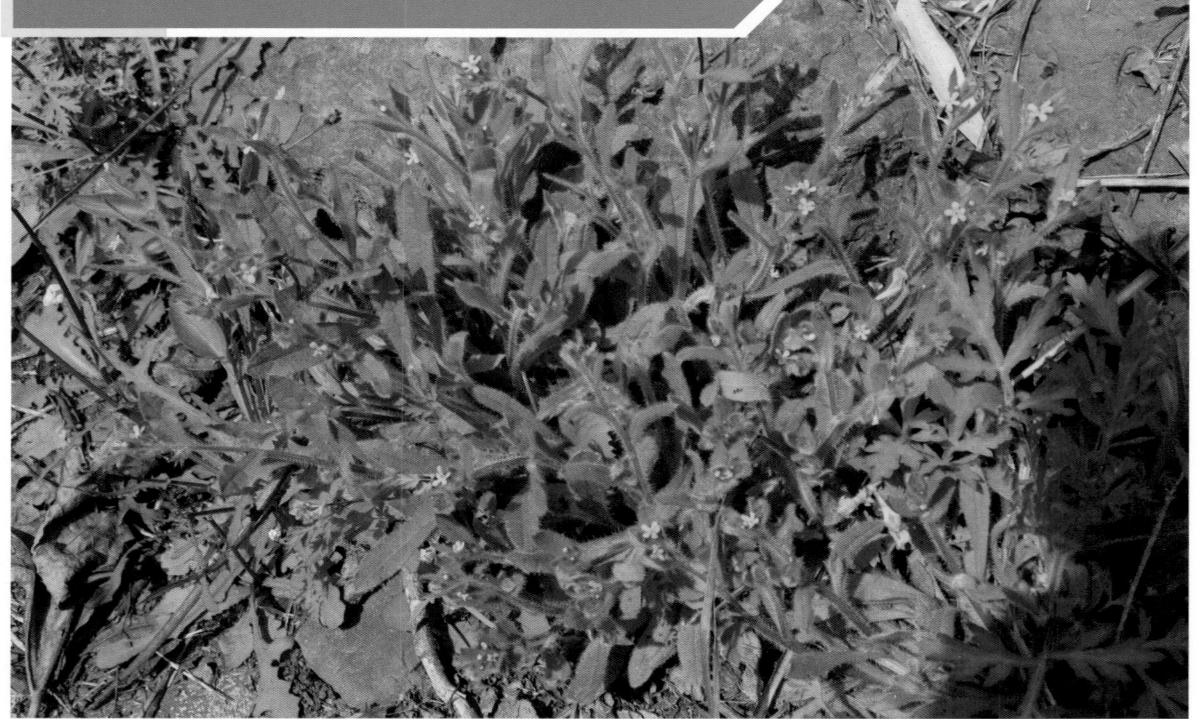

【属　名】鹤虱属 *Lappula* V. Wolf.

【种　名】鹤虱 *Lappula myosotis* V. Wolf.

【生　境】生于山坡草地上。

【分布型】北温带分布。

【属　名】附地菜属 *Trigonotis* Stev.

【种　名】附地菜 *Trigonotis peduncularis* (Trev.) Benth. ex S. Moore et Bake

【生　境】生于山坡草地、林缘。

【分布型】欧亚温带分布。

73 马鞭草科 Verbenaceae

【属　名】莸属 *Caryopteris* Bge.

【种　名】光果莸 *Caryopteris tangutica* Maxim.

【生　境】生于干旱山坡上。

【分布型】中国特有分布。

【属　名】莸属 *Caryopteris* Bge.

【种　名】三花莸 *Caryopteris terniflora* Maxim.

【生　境】生于山坡、水沟河边。

【分布型】中国特有分布。

【属 名】大青属 *Clerodendrum* Linn.

【种 名】海州常山 *Clerodendrum trichotomum* Thunb.

【生 境】生于山坡、山谷林中。

【分布型】东亚分布。

【属　名】牡荆属 *Vitex* Linn.

【种　名】荆条 *Vitex negundo* var. *heterophylla* (Franch.) Rehd.

【生　境】生于山坡灌丛中或路旁。

【分布型】东亚分布。

74 唇形科 Lamiaceae

【属　名】藿香属 *Agastache* Clay. ex Gron.

【种　名】藿香 *Agastache rugosa* (Fisch. et Mey.) Ktze.

【生　境】生于山坡或路边。

【分布型】东亚和北美间断分布。

【属　名】筋骨草属 *Ajuga* Linn.
【种　名】筋骨草 *Ajuga ciliata* Bge.
【生　境】生于林下湿润处或路旁。
【分布型】中国特有分布。

【属　名】水棘针属 *Amethystea* Linn.

【种　名】水棘针 *Amethystea caerulea* Linn.

【生　境】生于山坡、路边或溪旁。

【分布型】温带亚洲分布。

【属　名】风轮菜属 *Clinopodium* Linn.

【种　名】麻叶风轮菜（风车草）*Clinopodium urticifolium* (Hance) C. Y. Wu et Hsuan et H. W. Li

【生　境】生于山坡草地、路旁。

【分布型】中国 - 日本（SJ）分布。

【属　名】风轮菜属 *Clinopodium* Linn.

【种　名】细风轮菜 *Clinopodium gracile* (Benth.) Matsum.

【生　境】生于路旁、林缘或灌丛中。

【分布型】东亚分布。

【属　名】青兰属 *Dracocephalum* Linn.

【种　名】香青兰 *Dracocephalum moldavica* Linn.

【生　境】生于干旱山坡、山谷、河滩等。

【分布型】欧亚温带分布。

【属　名】香薷属 *Elsholtzia* Willd.

【种　名】香薷 *Elsholtzia ciliata* (Thunb.) Hyland

【生　境】生于山坡、路旁。

【分布型】温带亚洲分布。

【属　名】香薷属 *Elsholtzia* Willd.

【种　名】木香薷 *Elsholtzia stauntoni* Benth.

【生　境】生于山坡草地或路旁。

【分布型】中国特有分布。

【属　名】活血丹属 *Glechoma* Linn.

【种　名】活血丹（连钱草）*Glechoma longituba* (Nakai) Kupr.

【生　境】生于疏林下、林缘、溪边等阴湿处。

【分布型】中国 - 日本（SJ）分布。

【属　名】香茶菜属 *Isodon* (Schr. ex Benth.) Spach

【种　名】拟缺香茶菜 *Isodon excisoides* (Sun ex C. H. Hu) H. Hara

【生　境】生于疏林下。

【分布型】中国特有分布。

【属　名】夏至草属 *Lagopsis* (Bge. ex Benth.) Bge.

【种　名】夏至草 *Lagopsis supina* (Steph.) IK.-Gal. ex Knorr.

【生　境】生于山坡草地或路旁。

【分布型】中国 - 日本（SJ）分布。

【属　名】野芝麻属 *Lamium* Linn.

【种　名】野芝麻 *Lamium barbatum* Sieb. et Zucc.

【生　境】生于溪旁或路旁。

【分布型】中国 - 日本（SJ）分布。

【属　名】益母草属 *Leonurus* Linn.

【种　名】益母草 *Leonurus japonicus* Houtt.

【生　境】生于山坡草地或路旁。

【分布型】北温带分布。

【属　名】益母草属 *Leonurus* Linn.

【种　名】錾菜 *Leonurus pseudomacranthus* Kitagawa

【生　境】生于山坡草地上。

【分布型】中国特有分布。

【属　名】地笋属 *Lycopus* Turcz.
【种　名】地笋 *Lycopus lucidus* Turcz. ex Benth.
【生　境】生于山坡阴湿地。
【分布型】中国 - 日本（SJ）分布。

【属　名】薄荷属 *Mentha* Linn.

【种　名】薄荷 *Mentha haplocalyx* Briq.

【生　境】生于山坡草地、路旁。

【分布型】北温带分布。

【属 名】糙苏属 *Phlomis* Linn.

【种 名】糙苏 *Phlomis umbrosa* Turcz.

【生 境】生于山坡、山谷林中或路旁。

【分布型】中国特有分布。

【属　名】鼠尾草属 *Salvia* Linn.

【种　名】丹参 *Salvia miltiorrhiza* Bge.

【生　境】生于山坡林下或溪谷旁。

【分布型】中国 - 日本（SJ）分布。

【属　名】鼠尾草属 *Salvia* Linn.

【种　名】荫生鼠尾草 *Salvia umbratica* Hance

【生　境】生于山坡或路旁。

【分布型】中国特有分布。

【属　名】黄芩属 *Scutellaria* Linn.

【种　名】黄芩 *Scutellaria baicalensis* Georgi

【生　境】生于向阳山坡。

【分布型】温带亚洲分布。

【属　名】水苏属 *Stachys* Linn.

【种　名】华水苏（水苏）*Stachys chinensis* Bge. ex Benth.

【生　境】生于湿润处。

【分布型】北温带分布。

【属　名】水苏属 *Stachys* Linn.

【种　名】甘露子（地蚕）*Stachys sieboldii* Miq.

【生　境】生于湿润地或积水处。

【分布型】北温带分布

75 茄科 Solanaceae

【属　名】曼陀罗属 *Datura* Linn.

【种　名】曼陀罗 *Datura stramonium* Linn.

【生　境】生于山坡草地、路旁等处。

【分布型】世界分布。

【属　名】天仙子属 *Hyoscyamus* Linn.

【种　名】天仙子 *Hyoscyamus niger* Linn.

【生　境】生于山坡、路旁。

【分布型】欧亚温带分布。

【属　名】枸杞属 *Lycium* Linn.

【种　名】枸杞 *Lycium chinense* Mill.

【生　境】生于山坡、路旁等处。

【分布型】欧亚温带分布。

【属　名】酸浆属 *Physalis* Linn.

【种　名】挂金灯 *Physalis alkekengi* var. *franchetii* (Mast.) Makino

【生　境】生于山坡草地、路旁水边。

【分布型】中国 - 日本（SJ）分布。

【属　名】茄属 *Solanum* Linn.

【种　名】白英 *Solanum lyratum* Thunb.

【生　境】生于山谷草地或路旁。

【分布型】东亚分布。

【属　名】茄属 *Solanum* Linn.

【种　名】龙葵 *Solanum nigrum* Linn.

【生　境】生于山坡草地。

【分布型】欧亚温带分布。

【属　名】茄属 *Solanum* Linn.

【种　名】青杞 *Solanum septemlobum* Bge.

【生　境】生于山坡向阳处。

【分布型】欧亚温带分布。

【属　名】茄属 *Solanum* Linn.

【种　名】野海茄 *Solanum japonense* Nakai

【生　境】生于山谷、路旁等处。

【分布型】中国 - 日本（SJ）分布。

76 玄参科 Scrophulariaceae

【属 名】柳穿鱼属 *Linaria* Mill.

【种 名】柳穿鱼 *Linaria vulgaris* subsp. *chinensis* (Bge. ex Debeaux) D. Y. Hong

【生 境】生于山坡草地、路旁。

【分布型】中国特有分布。

【属　名】通泉草属 *Mazus* Lour.

【种　名】通泉草 *Mazus pumilus* (N. L. Burman) Steenis

【生　境】生于湿润的草坡或路旁。

【分布型】热带亚洲分布。

【属　名】山罗花属 *Melampyrum* Linn.

【种　名】山罗花 *Melampyrum roseum* Maxim.

【生　境】生于山坡林缘或路旁。

【分布型】中国 - 日本（SJ）分布。

【属　名】沟酸浆属 *Mimulus* Linn.

【种　名】沟酸浆 *Mimulus tenellus* Bge.

【生　境】生于林下湿地。

【分布型】东亚分布。

【属　名】马先蒿属 *Pedicularis* Linn.

【种　名】埃氏马先蒿 *Pedicularis artselaeri* Maxim.

【生　境】生于林下。

【分布型】中国特有分布。

【属　名】马先蒿属 *Pedicularis* Linn.

【种　名】返顾马先蒿 *Pedicularis resupinata* Linn.

【生　境】生于林缘或湿润的草地。

【分布型】欧亚温带分布。

【属　名】马先蒿属 *Pedicularis* Linn.

【种　名】红纹马先蒿 *Pedicularis striata* Pall.

【生　境】生于疏林中。

【分布型】中国特有分布。

【属　名】松蒿属 *Phtheirospermum* Bge. ex Fisch. et Mey.

【种　名】松蒿 *Phtheirospermum japonicum* (Thunb.) Kanitz.

【生　境】生于疏林中或路旁等处。

【分布型】中国 - 日本（SJ）分布。

【属　名】穗花属 *Pseudolysimachion* (W. D. J. Koch) Opiz

【种　名】水蔓菁 *Pseudolysimachion linariifolium* subsp. *dilatatum* (Nakai et Kitag.) D. Y. Hong

【生　境】生于山坡、路旁等处。

【分布型】中国特有分布。

【属　名】地黄属 *Rehmannia* Libosch. ex Fisch. et Mey.

【种　名】地黄 *Rehmannia glutinosa* (Gaertn.) Libosch. ex Fisch. et Mey.

【生　境】生于山坡、路旁等处。

【分布型】中国特有分布。

【属　名】阴行草属 *Siphonostegia* Benth.

【种　名】阴行草 *Siphonostegia chinensis* Benth.

【生　境】生于山坡草地中。

【分布型】中国 - 日本（SJ）分布。

【属　名】婆婆纳属 *Veronica* Linn.

【种　名】阿拉伯婆婆纳 *Veronica persica* Poir.（归化）

【生　境】生于路边或荒野。

【分布型】世界分布。

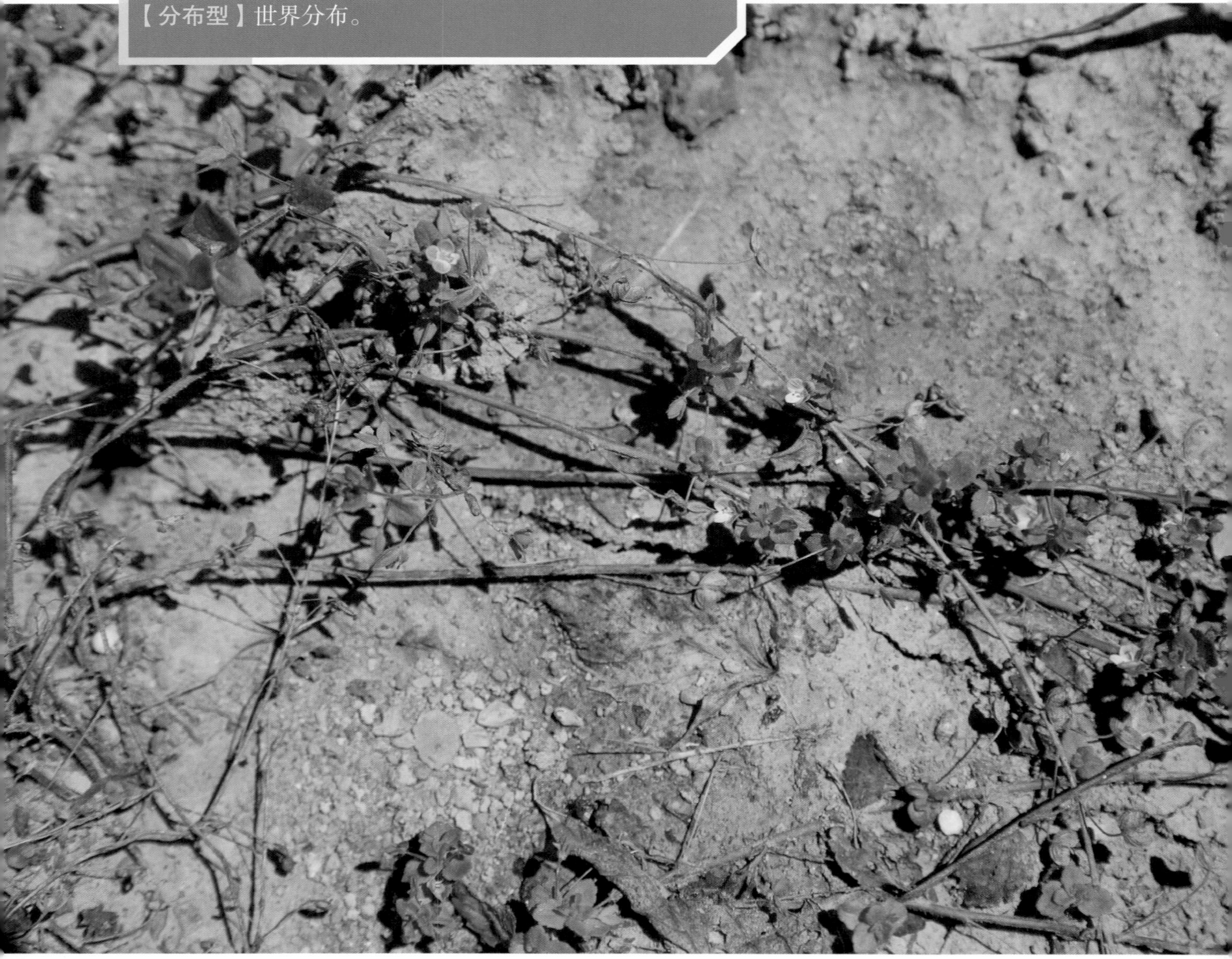

【属　名】婆婆纳属 *Veronica* Linn.

【种　名】婆婆纳 *Veronica polita* Fries

【生　境】生于路边或荒地。

【分布型】世界分布。

【属　名】婆婆纳属 *Veronica* Linn.

【种　名】水苦荬 *Veronica undulata* Wall. ex Jack

【生　境】生于水边或池沼。

【分布型】东亚分布。

【属　名】腹水草属 *Veronicastrum* Heister ex Fabricius

【种　名】草本威灵仙 *Veronicastrum sibiricum* (Linn.) Pennell

【生　境】生于山坡疏林中或路旁。

【分布型】中国 - 日本（SJ）分布。

【属　名】玄参属 *Scrophularia* Linn.

【种　名】玄参 *Scrophularia ningpoensis* Hemsl.

【生　境】生于山坡林中或溪旁。

【分布型】中国特有分布。

77 紫葳科 Bignoniaceae

【属　名】梓属 *Catalpa* Scop.

【种　名】梓 *Catalpa ovata* G. Don

【生　境】多见于路旁。

【分布型】中国 - 日本（SJ）分布。

【属　名】角蒿属 *Incarvillea* Juss.

【种　名】角蒿 *Incarvillea sinensis* Lam.

【生　境】生于山坡、田野。

【分布型】中国特有分布。

78 列当科 Orobanchaceae

【属　名】列当属 *Orobanche* Linn.

【种　名】列当 *Orobanche coerulescens* Steph.

【生　境】生于山坡草地。

【分布型】温带亚洲分布。

【属　名】列当属 *Orobanche* Linn.

【种　名】黄花列当 *Orobanche pycnostachya* Hance

【生　境】生于山坡草地。

【分布型】中国 - 日本（SJ）分布。

79 苦苣苔科 Gesneriaceae

【属　名】旋蒴苣苔属 *Boea* Comm. ex Lam.

【种　名】旋蒴苣苔（猫耳朵、牛耳草）*Boea hygrometrica* (Bge.) R. Br.

【生　境】生于山坡岩石上。

【分布型】中国特有分布。

80 车前科 Plantaginaceae

【属　名】车前属 *Plantago* Linn.

【种　名】车前 *Plantago asiatica* Linn.

【生　境】生于山坡草地、路边或荒地。

【分布型】温带亚洲分布。

【属　名】车前属 *Plantago* Linn.

【种　名】平车前 *Plantago depressa* Willd.

【生　境】生于山坡草地或路旁。

【分布型】北温带分布。

【属　名】车前属 *Plantago* Linn.

【种　名】长叶车前 *Plantago lanceolata* Linn.（逸生）

【生　境】生于山坡草地、路旁或荒地。

【分布型】世界分布。

【属　名】车前属 *Plantago* Linn.

【种　名】大车前 *Plantago major* Linn.

【生　境】生于山坡草地、路旁或荒地。

【分布型】欧亚温带分布。

81 茜草科 Rubiaceae

【属　名】拉拉藤属 *Galium* Linn.

【种　名】四叶葎 *Galium bungei* Steud.

【生　境】生于山坡草地、林中。

【分布型】中国 - 日本（SJ）分布。

【属　名】拉拉藤属 *Galium* Linn.

【种　名】蓬子菜 *Galium verum* Linn.

【生　境】生于山坡草地、林下或路旁。

【分布型】世界分布。

【属　名】野丁香属 *Leptodermis* Wall.

【种　名】薄皮木 *Leptodermis oblonga* Bge.

【生　境】生于山坡、路边等向阳处。

【分布型】中国特有分布。

【属　名】茜草属 *Rubia* Linn.

【种　名】茜草 *Rubia cordifolia* Linn.

【生　境】生于山坡草地、林中或林缘。

【分布型】东亚分布。

【属　名】茜草属 *Rubia* Linn.

【种　名】金钱草（膜叶茜草）*Rubia membranacea* Diels

【生　境】生于山坡疏林、草地。

【分布型】中国特有分布。

【属　名】茜草属 *Rubia* Linn.
【种　名】林生茜草 *Rubia sylvatica* (Maxim.) Nakai
【生　境】生于山坡较潮湿的林中或林缘。
【分布型】中国 - 日本（SJ）分布。

82 忍冬科 Caprifoliaceae

【属　名】忍冬属 *Lonicera* Linn.

【种　名】金花忍冬 *Lonicera chrysantha* Turcz. ex Ledeb.

【生　境】生于山坡林中。

【分布型】温带亚洲分布。

【属　名】忍冬属 *Lonicera* Linn.

【种　名】葱皮忍冬 *Lonicera ferdinandii* Franch.

【生　境】生于山坡林中。

【分布型】中国 - 日本（SJ）分布。

【属　名】忍冬属 *Lonicera* Linn.

【种　名】金银忍冬 *Lonicera maackii* (Rupr.) Maxim.

【生　境】生于山坡林中。

【分布型】中国 - 日本（SJ）分布。

【属　名】忍冬属 *Lonicera* Linn.

【种　名】唐古特忍冬 *Lonicera tangutica* Maxim.

【生　境】生于山坡林中。

【分布型】中国 - 喜马拉雅（SH）分布。

【属　名】忍冬属 *Lonicera* Linn.

【种　名】盘叶忍冬 *Lonicera tragophylla* Hemsl.

【生　境】生于山坡林下或路边。

【分布型】中国特有分布。

【属　名】接骨木属 *Sambucus* Linn.

【种　名】接骨木 *Sambucus williamsii* Hance

【生　境】生于山坡、路旁。

【分布型】中国特有分布。

【属　名】接骨木属 *Sambucus* Linn.

【种　名】接骨草 *Sambucus javanica* Bl.

【生　境】生于山坡林下或草丛中。

【分布型】中国 - 日本（SJ）分布。

【属　名】荚蒾属 *Viburnum* Linn.
【种　名】桦叶荚蒾 *Viburnum betulifolium* Batal.
【生　境】生于山坡或山谷林中。
【分布型】中国特有分布。

【属　名】荚蒾属 *Viburnum* Linn.

【种　名】蒙古荚蒾 *Viburnum mongolicum* (Pall.) Rehd.

【生　境】生于山坡疏林中。

【分布型】温带亚洲分布。

【属　名】荚蒾属 *Viburnum* Linn.

【种　名】鸡树条（天目琼花）*Viburnum opulus* subsp. *calvescens* (Rehd.) Sug.

【生　境】生于沟谷杂木林中。

【分布型】中国 - 日本（SJ）分布。

【属　名】六道木属 *Zabelia* (Rehd.) Makino

【种　名】六道木 *Zabelia biflora* (Turcz.) Makino

【生　境】生于山坡林中。

【分布型】中国 - 日本（SJ）分布。

83　五福花科 Adoxaceae

【属　名】五福花属 *Adoxa* Linn.

【种　名】五福花 *Adoxa moschatellina* Linn.

【生　境】生于沟谷林下。

【分布型】北温带分布。

84 败酱科 Valerianaceae

【属　名】败酱属 *Patrinia* Juss.

【种　名】墓回头（异叶败酱）*Patrinia heterophylla* Bge.

【生　境】生于山地岩缝、草丛、路边等。

【分布型】中国特有分布。

【属　名】败酱属 *Patrinia* Juss.

【种　名】糙叶败酱 *Patrinia scabra* Bge.

【生　境】生于阳坡草丛中。

【分布型】中国特有分布。

【属　名】败酱属 *Patrinia* Juss.

【种　名】岩败酱 *Patrinia rupestris* (Pall.) Juss.

【生　境】生于山坡草地、林下或路旁。

【分布型】温带亚洲分布。

【属　名】缬草属 *Valeriana* Linn.

【种　名】缬草 *Valeriana officinalis* Linn.

【生　境】生于山坡草地、林下或路旁。

【分布型】欧亚温带分布。

85 川续断科 Dipsacaceae

【属　名】川续断属 *Dipsacus* Linn.

【种　名】日本续断 *Dipsacus japonicus* Miq.

【生　境】生于山坡或路旁。

【分布型】中国 - 日本（SJ）分布。

【属　名】蓝盆花属 *Scabiosa* Linn.

【种　名】窄叶蓝盆花 *Scabiosa comosa* Fisch. ex Roem. et Schult.

【生　境】生于干旱山坡上。

【分布型】温带亚洲分布。

86 葫芦科 Cucurbitaceae

【属　名】赤瓟属 *Thladiantha* Bge.

【种　名】赤瓟 *Thladiantha dubia* Bge.

【生　境】生于山坡、河谷及林缘湿处。

【分布型】中国特有分布。

87 桔梗科 Campanulaceae

【属　名】沙参属 *Adenophora* Fisch.

【种　名】石沙参 *Adenophora polyantha* Thunb.

【生　境】生于山坡草地。

【分布型】中国 - 日本（SJ）分布。

【属　名】沙参属 *Adenophora* Fisch.

【种　名】泡沙参（灯笼花）*Adenophora potaninii* Korsh.

【生　境】生于山坡草地。

【分布型】中国特有分布。

【属　名】沙参属 *Adenophora* Fisch.

【种　名】长柱沙参 *Adenophora stenanthina* (Ledeb.) Kitag.

【生　境】生于山坡草地。

【分布型】温带亚洲分布。

【属　名】风铃草属 *Campanula* Linn.

【种　名】紫斑风铃草 *Campanula punctata* Lam.

【生　境】生于山坡草地或林中。

【分布型】中国 - 日本（SJ）分布。

【属　名】党参属 *Codonopsis* Wall.

【种　名】党参 *Codonopsis pilosula* (Franch.) Nannf.

【生　境】生于山坡林缘或灌丛中。

【分布型】中国 - 日本（SJ）分布。

【属　名】桔梗属 *Platycodon* A. DC.

【种　名】桔梗（铃铛花）*Platycodon grandiflorus* (Jacq.) A. DC.

【生　境】生于山坡草地或灌丛中。

【分布型】中国 - 日本（SJ）分布。

88 菊科 Asteraceae

【属　名】蓍属 *Achillea* Linn.

【种　名】云南蓍 *Achillea wilsoniana* (Heim. ex Hand.-Mazz.) Heim.

【生　境】生于山坡草地、疏林下、路旁。

【分布型】中国特有分布。

【属　名】香青属 *Anaphalis* DC.

【种　名】线叶珠光香青 *Anaphalis margaritacea* var. *angustifolia* (Franch. et Sav.) Hayata

【生　境】生于山坡、山谷林中或路旁。

【分布型】中国 - 日本（SJ）分布。

【属　名】牛蒡属 *Arctium* Linn.

【种　名】牛蒡 *Arctium lappa* Linn.

【生　境】生于海拔 1 780 m 以下的山坡林缘、河边湿地、路旁。

【分布型】欧亚温带分布。

【属　名】蒿属 *Artemisia* Linn.

【种　名】黄花蒿 *Artemisia annua* Linn.

【生　境】生于海拔 1 780 m 以下的路旁、荒坡等。

【分布型】北温带分布。

【属 名】蒿属 *Artemisia* Linn.

【种 名】艾（艾蒿）*Artemisia argyi* Levl. et Vant.

【生 境】生于海拔 1 780 m 以下的山坡、林缘、路旁等处。

【分布型】温带亚洲分布。

【属　名】蒿属 *Artemisia* Linn.

【种　名】细裂叶莲蒿（铁杆蒿、万年蒿）*Artemisia gmelinii* Web.

【生　境】生于海拔 1 780 m 以下的山坡草地或灌丛中。

【分布型】欧亚温带分布。

【属　名】蒿属 *Artemisia* Linn

【种　名】牡蒿 *Artemisia japonica* Thunb.

【生　境】生于海拔 1 780 m 以下的山坡草地、路旁等。

【分布型】中国 - 日本（SJ）分布。

【属　名】蒿属 *Artemisia* Linn

【种　名】野艾蒿 *Artemisia lavandulifolia* DC.

【生　境】生于海拔 1 600 m 以下的山坡、路旁及河边等。

【分布型】温带亚洲分布。

【属　名】蒿属 *Artemisia* Linn

【种　名】红足蒿 *Artemisia rubripes* Nakai

【生　境】生于海拔 1 780 m 以下的荒坡草丛中。

【分布型】中国 - 日本（SJ）分布。

【属　名】蒿属 *Artemisia* Linn

【种　名】大籽蒿 *Artemisia sieversiana* Ehrhart ex Willd.

【生　境】生于海拔 1 600 m 以下的山坡、路旁及河边等。

【分布型】欧亚温带分布。

【属　名】紫菀属 *Aster* Linn.
【种　名】阿尔泰狗娃花 *Aster altaicus* Willd.
【生　境】生于干旱山坡、草地。
【分布型】温带亚洲分布。

【属　名】紫菀属 *Aster* Linn.

【种　名】蒙古马兰 *Aster mongolicus* Franch.

【生　境】生于山坡疏林下、草地、路旁。

【分布型】中国 - 日本（SJ）分布。

【属　名】紫菀属 *Aster* Linn.

【种　名】狗娃花 *Aster hispidus* Thunb.

【生　境】生于荒地、林缘、路旁及草地。

【分布型】中国 - 日本（SJ）分布。

【属　名】苍术属 *Atractylodes* DC.

【种　名】苍术 *Atractylodes lancea* (Thunb.) DC.

【生　境】生于疏林下。

【分布型】中国 - 日本（SJ）分布。

【属　名】鬼针草属 *Bidens* Linn.

【种　名】婆婆针 *Bidens bipinnata* Linn.

【生　境】生于海拔 1 300 m 以下的山谷阴湿处、路旁。

【分布型】世界分布。

【属　名】鬼针草属 *Bidens* Linn.

【种　名】小花鬼针草 *Bidens parviflora* Willd.

【生　境】生于海拔 1 780 m 以下的山坡草地、路旁。

【分布型】温带亚洲分布。

【属　名】鬼针草属 *Bidens* Linn.

【种　名】狼杷草 *Bidens tripartita* Linn.

【生　境】生于海拔 1 780 m 以下的水边湿地。

【分布型】世界分布。

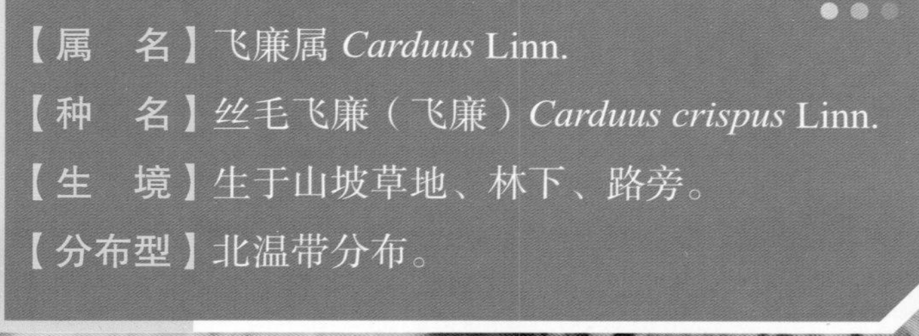

【属　名】飞廉属 *Carduus* Linn.

【种　名】丝毛飞廉（飞廉）*Carduus crispus* Linn.

【生　境】生于山坡草地、林下、路旁。

【分布型】北温带分布。

【属　名】天名精属 *Carpesium* Linn.
【种　名】大花金挖耳 *Carpesium macrocephalum* Franch. et Sav.
【生　境】生于海拔 1 000 m 以上的山坡林缘、山谷草地、灌丛中。
【分布型】中国 - 日本（SJ）分布。

【属　名】天名精属 *Carpesium* Linn.

【种　名】烟管头草 *Carpesium cernuum* Linn.

【生　境】生于海拔 1 780 m 以下的山坡、山谷、路旁。

【分布型】欧亚温带分布。

【属　名】菊属 *Chrysanthemum* Linn.

【种　名】小红菊 *Chrysanthemum chanetii* H. Level.

【生　境】生于海拔 1 780 m 以下的山坡草地、林缘及灌丛中。

【分布型】中国 - 日本（SJ）分布。

【属　名】菊属 *Chrysanthemum* Linn.

【种　名】野菊 *Chrysanthemum indicum* Linn.

【生　境】生于海拔 850 m 以上的山坡草地、灌丛中。

【分布型】东亚分布。

【属　名】蓟属 *Cirsium* Mill.

【种　名】魁蓟 *Cirsium leo* Nakai et Kitag.

【生　境】生于海拔 1 780m 以下的山坡草地、林下、灌丛中。

【分布型】中国特有分布。

【属　名】蓟属 *Cirsium* Mill.

【种　名】烟管蓟 *Cirsium pendulum* Fisch. ex DC.

【生　境】生于海拔 1 200 ~ 1 350 m 之间的山坡草地、灌丛中及山谷疏林下。

【分布型】温带亚洲分布。

【属　名】蓟属 *Cirsium* Mill.

【种　名】刺儿菜 *Cirsium arvense* var. *integrifolium* Wimm. et Grab.

【生　境】生于海拔 1780 m 以下的山坡草地、路旁。

【分布型】欧亚温带分布。

【属　名】蓟属 *Cirsium* Mill.

【种　名】野蓟 *Cirsium maackii* Maxim.

【生　境】生于山坡草地、林缘。

【分布型】中国 - 日本（SJ）分布。

【属　名】假还阳参属 *Crepidiastrum* Nakai

【种　名】尖裂假还阳参（抱茎苦荬菜） *Crepidiastrum sonchifolium* (Maxim.) Pak et Kaw.

【生　境】生于海拔 1 500 m 以下的山坡草地。

【分布型】中国 - 日本（SJ）分布。

【属　名】飞蓬属 *Erigeron* Linn.

【种　名】一年蓬 *Erigeron annuus* (Linn.) Pers.（逸生）

【生　境】生于山坡草地或路旁。

【分布型】世界分布。

【属　名】飞蓬属 *Erigeron* Linn.
【种　名】小蓬草（小白酒草）*Erigeron canadensis* Linn.（逸生）
【生　境】生于山坡草地或路旁。
【分布型】东亚 - 北美间断分布。

【属　名】泽兰属 *Eupatorium* Linn.

【种　名】白头婆（泽兰）*Eupatorium japonicum* Thunb.

【生　境】生于海拔 1 780 m 以下的山坡林下、山谷林缘、路旁。

【分布型】中国 - 日本（SJ）分布。

【属　名】牛膝菊属 *Galinsoga* Ruiz et Pavon
【种　名】牛膝菊 *Galinsoga parviflora* Cav.（逸生）
【生　境】生于山坡林下、河谷地、路旁。
【分布型】世界分布。

【属　名】向日葵属 *Helianthus* Linn.

【种　名】毛叶向日葵 *Helianthus mollis* Lam.（逸生）

【生　境】生于山坡草地、林缘。

【分布型】世界分布。

【属　名】泥胡菜属 *Hemisteptia* Bge.

【种　名】泥胡菜 *Hemisteptia lyrata* (Bge.) Fisch. et C. A. Mey.

【生　境】生于海拔 1 200 m 以下的山坡草地、林缘、林下、路旁。

【分布型】东亚分布。

【属　名】旋覆花属 *Inula* Linn.

【种　名】旋覆花 *Inula japonica* Thunb.

【生　境】生于海拔 1 780 m 以下的山坡草地、沟河岸边、湿润草地。

【分布型】欧亚温带分布。

【属 名】苦荬菜属 *Ixeris* Cass.
【种 名】中华苦荬菜 *Ixeris chinensis* (Thunb.) Kitag.
【生 境】生于山坡路旁、河边灌丛或岩石缝隙中。
【分布型】东亚分布。

【属　名】小苦荬属 *Ixeridium* (A. Gray) Tzvelev

【种　名】小苦荬 *Ixeridium dentatum* (Thunb.) Tzvel.

【生　境】生于山坡草地、林下或路旁。

【分布型】中国 - 日本（SJ）分布。

【属　名】麻花头属 *Klasea* Cass.

【种　名】碗苞麻花头 *Klasea centauroides* subsp. *chanetii* (Levl.) Mart.

【生　境】生于海拔 1 780 m 以下的山坡草地、林下或路旁。

【分布型】中国特有分布。

【属　名】莴苣属 *Lactuca* Linn.

【种　名】翅果菊（山莴苣、多裂翅果菊）*Lactuca indica* Linn.

【生　境】生于山坡草地、林下、林缘、路旁。

【分布型】东亚分布。

【属　名】莴苣属 *Lactuca* Linn.

【种　名】乳苣 *Lactuca tatarica* (Linn.) C. A. Mey.

【生　境】生于海拔 1 100 m 以上的沟谷、路旁及盐碱地。

【分布型】北温带分布。

【属　名】莴苣属 *Lactuca* Linn.

【种　名】毛脉翅果菊 *Lactuca raddeana* Maxim.

【生　境】生于山坡或山谷林下、林缘或路旁。

【分布型】中国 - 日本（SJ）分布。

【属　名】大丁草属 *Leibnitzia* Cass.

【种　名】大丁草 *Leibnitzia anandria* (Linn.) Turcz.

【生　境】生于海拔 1 780 m 以下的山坡、山谷路旁、林缘。

【分布型】中国 - 日本（SJ）分布。

【属　名】火绒草属 *Leontopodium* (Pers.) R. Br.

【种　名】长叶火绒草 *Leontopodium junpeianum* Kitam.

【生　境】生于山坡湿润草地、灌丛或岩石上。

【分布型】中国特有分布。

【属　名】橐吾属 *Ligularia* Cass.

【种　名】掌叶橐吾 *Ligularia przewalskii* (Maxim.) Diels

【生　境】生于海拔 1 000 m 以上的山坡疏林下或山谷溪旁。

【分布型】中国特有分布。

【属　名】耳菊属 *Nabalus* Cass.

【种　名】福王草（盘果菊）*Nabalus tatarinowii* (Maxim.) Nakai

【生　境】生于山坡林下、林缘。

【分布型】中国 - 日本（SJ）分布。

【属　名】耳菊属 *Nabalus* Cass.

【种　名】多裂福王草（多裂耳菊、大叶盘果菊）*Nabalus tatarinowii* subsp. *macrantha* (Stebb.) N. Kilian

【生　境】生于海拔 1 100 m 以上的山坡、山谷林下。

【分布型】中国特有分布。

【属　名】蟹甲草属 *Parasenecio* W. W. Smith et J. Small

【种　名】山西蟹甲草 *Parasenecio dasythyrsus* (Hand.-Mazz.) Y. L. Chen

【生　境】生于海拔 1 700 m 以下的山坡草地或林缘。

【分布型】中国特有分布。

【属　名】蟹甲草属 *Parasenecio* W. W. Smith et J. Small

【种　名】蛛毛蟹甲草 *Parasenecio roborowskii* (Maxim.) Y. L. Chen

【生　境】生于山坡林下。

【分布型】中国特有分布。

【属　名】蟹甲草属 *Parasenecio* W. W. Smith et J. Small

【种　名】两似蟹甲草 *Parasenecio ambiguus* (Y. Ling) Y. L. Chen

【生　境】生于海拔 1 250 m 以上的山坡林下阴湿处。

【分布型】中国特有分布。

【属　名】蟹甲草属 *Parasenecio* W. W. Smith et J. Small

【种　名】山尖子 *Parasenecio hastatus* (Linn.) H. Koy.

【生　境】生于山坡、山谷林下。

【分布型】中国 - 日本（SJ）分布。

【属　名】华蟹甲属 *Sinacalia* H. Rob. et Brettell

【种　名】华蟹甲（羽裂蟹甲草）*Sinacalia tangutica* (Maxim.) B. Nord.

【生　境】生于海拔 1 780 m 以下的山坡草地、沟谷溪边和林缘。

【分布型】中国特有分布。

【属　名】毛连菜属 *Picris* Linn.

【种　名】日本毛连菜 *Picris japonica* Thunb.

【生　境】生于海拔 1 780 m 以下的山坡草地或路旁。

【分布型】中国 - 日本（SJ）分布。

【属　名】漏芦属 *Rhaponticum* Vaill.

【种　名】漏芦（祁州漏芦）*Rhaponticum uniflorum* (Linn.) DC.

【生　境】生于海拔 1 780 m 以下的干山坡、路旁。

【分布型】温带亚洲分布。

【属　名】风毛菊属 *Saussurea* Linn.

【种　名】篦苞风毛菊 *Saussurea pectinata* (Bge.) DC.

【生　境】生于海拔 1 780m 以下的山坡林下。

【分布型】中国特有分布。

【属　名】风毛菊属 *Saussurea* Linn.

【种　名】美花风毛菊（球花风毛菊）*Saussurea pulchella* (Fisch.) Fisch.

【生　境】生于海拔 1 780m 以下的山坡草地或山谷路旁。

【分布型】温带亚洲分布。

【属　名】鸦葱属 *Scorzonera* Linn.

【种　名】华北鸦葱（笔管草）*Scorzonera albicaulis* Bge.

【生　境】生于海拔 1 780 m 以下的山坡、山谷、路旁等。

【分布型】温带亚洲分布。

【属　名】鸦葱属 *Scorzonera* Linn.

【种　名】鸦葱 *Scorzonera austriaca* Willd.

【生　境】生于海拔 900 m 以上的山坡草地上。

【分布型】欧亚温带分布。

【属　名】千里光属 *Senecio* Linn.

【种　名】额河千里光 *Senecio argunensis* Turcz.

【生　境】生于草坡上。

【分布型】温带亚洲分布。

【属　名】豨莶属 *Sigesbeckia* Linn.

【种　名】腺梗豨莶 *Sigesbeckia pubescens* Makino

【生　境】生于山坡、山谷中。

【分布型】东亚分布。

【属　名】苦苣菜属 *Sonchus* Linn.

【种　名】苣荬菜 *Sonchus wightianus* DC.

【生　境】生于山坡草地、潮湿地、河边砾石滩。

【分布型】世界分布。

【属　名】苦苣菜属 *Sonchus* Linn.

【种　名】苦苣菜 *Sonchus oleraceus* Linn.

【生　境】生于海拔 1 780 m 以下的沟谷、荒野、路旁。

【分布型】世界分布。

【属　名】蒲公英属 *Taraxacum* Linn.
【种　名】蒲公英 *Taraxacum mongolicum* Hand.-Mazz.
【生　境】生于山坡草地、田野、路边、河滩。
【分布型】中国特有分布。

【属　名】蒲公英属 *Taraxacum* Linn.

【种　名】华蒲公英 *Taraxacum sinicum* Kitag

【生　境】生于海拔 1 780 m 以下的山坡草地或路旁。

【分布型】温带亚洲分布。

【属　名】狗舌草属 *Tephroseris* Reichenb.

【种　名】狗舌草 *Tephroseris kirilowii* (Turcz. ex DC.) Holub.

【生　境】生于山坡草地。

【分布型】中国 - 日本（SJ）分布。

【属　名】狗舌草属 *Tephroseris* Reichenb.

【种　名】红轮狗舌草 *Tephroseris flammea* (Turcz. ex DC.) Holub

【生　境】生于山坡草地。

【分布型】中国 - 日本（SJ）分布。

【属　名】款冬属 *Tussilago* Linn.

【种　名】款冬（款冬花）*Tussilago farfara* Linn.

【生　境】常生于山谷湿地或林下。

【分布型】欧亚温带分布。

【属　名】苍耳属 *Xanthium* Linn.

【种　名】苍耳 *Xanthium strumarium* Linn.

【生　境】生于路旁、荒地、田边。

【分布型】温带亚洲分布。

【属　名】黄鹌菜属 *Youngia* Cass.

【种　名】黄鹌菜 *Youngia japonica* (L.) DC.

【生　境】生于山坡、山谷、林间草地。

【分布型】东亚分布。

第四章

被子植物—单子叶植物

Angiospermae-Monocotyledoneae

1 香蒲科 Typhaceae

【属　名】香蒲属 *Typha* Linn.

【种　名】香蒲（东方香蒲）*Typha orientalis* Presl.

【生　境】常见于沼泽、河旁浅水处。

【分布型】东亚分布。

【属　名】香蒲属 *Typha* Linn.

【种　名】小香蒲 *Typha minima* Funck ex Hoppe

【生　境】喜生于湿地、浅水或低洼处，性耐盐碱。

【分布型】欧亚温带分布。

2 眼子菜科 Potamogetonaceae

【属　名】眼子菜属 *Potamogeton* Linn.

【种　名】菹草 *Potamogeton crispus* Linn.

【生　境】常生于溪流、池塘或沟渠中。

【分布型】世界广布。

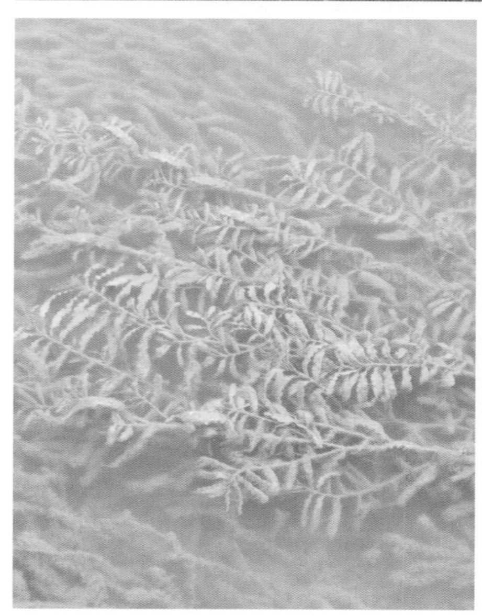

【属　名】眼子菜属 *Potamogeton* Linn.

【种　名】眼子菜 *Potamogeton distinctus* A. Bennett

【生　境】见于溪流中。

【分布型】东亚分布。

3 水麦冬科 Juncaginaceae

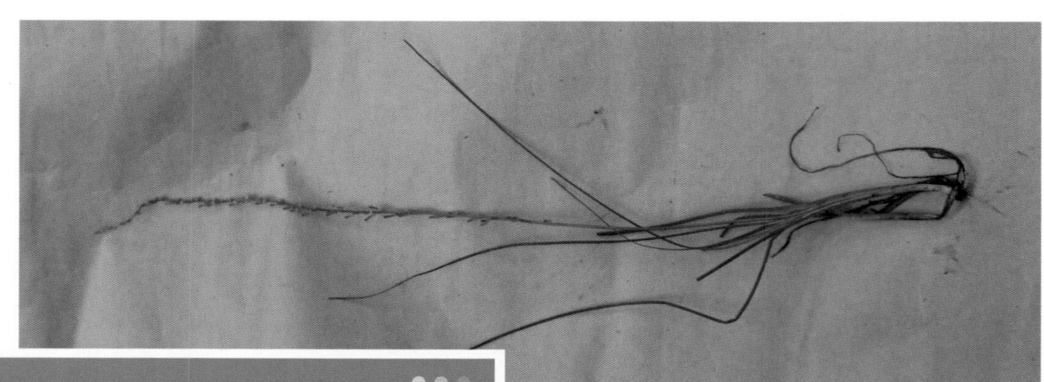

【属　名】水麦冬属 *Triglochin* Linn.

【种　名】水麦冬 *Triglochin palustris* Linn.

【生　境】常生于浅水处。

【分布型】世界分布。

4　泽泻科 Alismataceae

【属　名】泽泻属 *Alisma* Linn.

【种　名】东方泽泻 *Alisma orientale* (Samuel.) Juz.

【生　境】生于水塘、沟渠或沼泽中。

【分布型】温带亚洲分布。

5 禾本科 Poaceae

【属　名】芨芨草属 *Achnatherum* Beauv.

【种　名】京芒草（京羽茅、远东芨芨草）*Achnatherum pekinense* (Hance) Ohwi

【生　境】生于海拔 1 500 m 以下的山坡林下、草地及路旁。

【分布型】中国 - 日本（SJ）分布。

【属　名】荩草属 *Arthraxon* Beauv.

【种　名】荩草 *Arthraxon hispidus* (Thunb.) Makino

【生　境】生于山坡草地阴湿处。

【分布型】旧世界热带分布。

【属　名】孔颖草属 *Bothriochloa* Ktze.
【种　名】白羊草 *Bothriochloa ischaemum* (Linn.) keng
【生　境】生于山坡草地。
【分布型】世界分布。

【属　名】雀麦属 *Bromus* Linn.

【种　名】雀麦 *Bromus japonicus* Thunb.

【生　境】生于海拔 1 780 m 以下的山坡林缘、荒野路旁、河漫滩湿地。

【分布型】欧亚温带分布。

【属　名】拂子茅属 *Calamagrostis* Adans.

【种　名】拂子茅 *Calamagrostis epigeios* (Linn.) Roth.

【生　境】生于潮湿地及河岸沟渠旁。

【分布型】欧亚温带分布。

【属　名】拂子茅属 *Calamagrostis* Adans.

【种　名】假苇拂子茅 *Calamagrostis pseudophragmites* (A. Haller) Koeler

【生　境】生于山坡草地。

【分布型】欧亚温带分布。

【属　名】虎尾草属 *Chloris* Swartz

【种　名】虎尾草 *Chloris virgata* Swartz

【生　境】多生于荒野路旁，河岸沙地。

【分布型】世界分布。

【属　名】野青茅属 *Deyeuxia* Clar. ex P. Beauv.

【种　名】野青茅 *Deyeuxia pyramidalis* (Host) Veldk.

【生　境】生于海拔 1 780 m 以下的山坡草地、山谷溪旁。

【分布型】欧亚温带分布。

【属　名】马唐属 *Digitaria* Heist. ex Fabr.

【种　名】止血马唐 *Digitaria ischaemum* (Schreb.) Muhlenb.

【生　境】生于河边湿润之处。

【分布型】北温带分布。

【属　名】稗属 *Echinochloa* Beauv.

【种　名】稗 *Echinochloa crusgalli* (Linn.) Beauv.

【生　境】多生于沼泽地、沟谷湿润之处。

【分布型】世界分布。

【属　名】䅟属 *Eleusine* Gaertn.

【种　名】牛筋草（蟋蟀草）*Eleusine indica* (Linn.) Gaertn.

【生　境】多生于荒芜之地及路旁。

【分布型】泛热带分布。

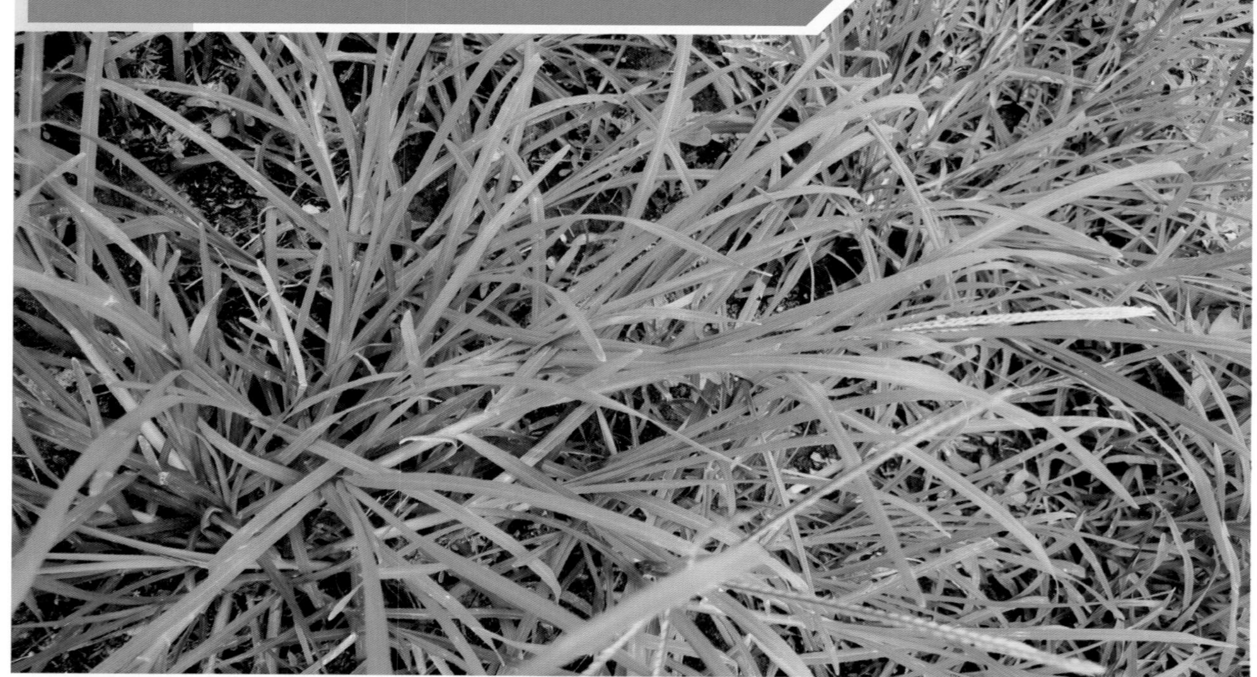

【属　名】披碱草属 *Elymus* Linn.

【种　名】披碱草 *Elymus dahuricus* Turcz. ex Griseb.

【生　境】生于山坡草地或路旁。

【分布型】温带亚洲分布。

【属　名】披碱草属 *Elymus* Linn.

【种　名】老芒麦 *Elymus sibiricus* Linn.

【生　境】生于路旁或山坡上。

【分布型】东亚分布。

【属　名】画眉草属 *Eragrostis* Beauv.

【种　名】知风草 *Eragrostis ferruginea* (Thunb.) P. Beauv.

【生　境】生于山坡路旁或草地。

【分布型】东亚分布。

【属　名】甜茅属 *Glyceria* R. Br.

【种　名】假鼠妇草 *Glyceria leptolepis* Ohwi

【生　境】生于山坡或河边。

【分布型】中国 - 日本（SJ）分布。

【属　名】大麦属 *Hordeum* Linn.

【种　名】芒颖大麦草 *Hordeum jubatum* Linn.（逸生）

【生　境】生于路旁或田野。

【分布型】北温带分布。

【属　名】白茅属 *Imperata* Cirillo

【种　名】白茅 *Imperata cylindrica* (Linn.) Raeusch.

【生　境】生于山坡草地。

【分布型】旧世界热带分布。

【属　名】臭草属 *Melica* Linn.

【种　名】臭草 *Melica scabrosa* Trin.

【生　境】生于山坡草地或路旁。

【分布型】中国 - 日本（SJ）分布。

【属　名】芒属 *Miscanthus* Anderss.

【种　名】荻 *Miscanthus sacchariflorus* (Maxim.) Hack.

【生　境】生于山坡草地或河岸湿地。

【分布型】中国 - 日本（SJ）分布。

【属　名】芒属 *Miscanthus* Anderss.

【种　名】芒 *Miscanthus sinensis* Anderss.

【生　境】生于海拔 1 780 m 以下的山坡草地或荒坡原野。

【分布型】中国 - 日本（SJ）分布。

【属　名】狼尾草属 *Pennisetum* Rich.

【种　名】狼尾草 *Pennisetum alopecuroides* (Linn.) Spreng.

【生　境】生于路旁或山坡上。

【分布型】泛热带分布。

【属　名】芦苇属 *Phragmites* Adans.

【种　名】芦苇 *Phragmites australis* (Cav.) Trin. ex Steudel

【生　境】生于湿地。

【分布型】世界分布。

【属　名】早熟禾属 *Poa* Linn.

【种　名】早熟禾 *Poa annua* Linn.

【生　境】生于山坡草地。

【分布型】世界分布。

【属　名】早熟禾属 *Poa* Linn.

【种　名】林地早熟禾 *Poa nemoralis* Linn.

【生　境】生于山坡林地。

【分布型】欧亚温带分布。

【属　名】早熟禾属 *Poa* Linn.

【种　名】硬质早熟禾 *Poa sphondylodes* Trin. ex Bge.

【生　境】生于山坡草地上。

【分布型】中国 - 日本（SJ）分布。

【属　名】狗尾草属 *Setaria* Beauv.

【种　名】金色狗尾草 *Setaria pumila* (Poir.) Roem. et Schult.

【生　境】生于林边、山坡、路旁及荒野等。

【分布型】世界分布。

【属　名】狗尾草属 *Setaria* Beauv.

【种　名】狗尾草 *Setaria viridis* (Linn.) Beauv.

【生　境】生于海拔 1 780 m 以下的路旁、荒野。

【分布型】世界分布。

【属　名】大油芒属 *Spodiopogon* Trin.

【种　名】大油芒（大荻）*Spodiopogon sibiricus* Trin.

【生　境】生于山坡、路旁。

【分布型】温带亚洲分布。

【属　名】锋芒草属 *Tragus* Hall.

【种　名】虱子草 *Tragus berteronianus* Schult.

【生　境】生于路旁草地中。

【分布型】世界分布。

【属　名】菅属 *Themeda* Forssk.

【种　名】黄背草 *Themeda triandra* Forssk.

【生　境】生于海拔 1 780 m 以下的干旱山坡、草地、路旁。

【分布型】东亚分布。

6 莎草科 Cyperaceae

【属　名】薹草属 *Carex* Linn.

【种　名】白颖薹草（寸草） *Carex duriuscula* subsp. *rigescens* (Franch.) S. Y. Liang et Y. C. Tang

【生　境】生于山坡草地。

【分布型】中国 - 日本（SJ）分布。

【属　名】薹草属 *Carex* Linn.

【种　名】细叶薹草 *Carex duriuscula* subsp. *stenophylloides* (V. I. Krecz.) S. Y. Liang et Y. C. Tang

【生　境】生于砾石地或沙地。

【分布型】温带亚洲分布。

【属　名】薹草属 *Carex* Linn.

【种　名】溪水薹草 *Carex forficula* Franch. et Sav.

【生　境】生于林下、溪边或潮湿处。

【分布型】中国 - 日本（SJ）分布。

【属　名】薹草属 *Carex* Linn.

【种　名】大披针薹草 *Carex lanceolata* Boott

【生　境】生于海拔 1 780m 以下的山坡林下、草地。

【分布型】温带亚洲分布。

【属　名】薹草属 *Carex* Linn.

【种　名】宽叶薹草（崖棕）*Carex siderosticta* Hance

【生　境】生于阔叶林下或林缘。

【分布型】中国 - 日本（SJ）分布。

【属　名】水葱属 *Schoenoplectus* (Reich.) Pall.

【种　名】三棱水葱（藨草）*Schoenoplectus triqueter* (Linn.) Pall.

【生　境】生于水沟、山溪边或沼泽地。

【分布型】世界分布。

7 天南星科 Araceae

【属　名】天南星属 *Arisaema* Mart.

【种　名】一把伞南星 *Arisaema erubescens* (Wall.) Schott

【生　境】生于海拔 1 780 m 以下的山坡林下、草地。

【分布型】中国 - 喜马拉雅（SH）分布。

【属 名】半夏属 *Pinellia* Tenore.

【种 名】半夏 *Pinellia ternata* (Thunb.) Breit.

【生 境】生于草坡、田边或疏林下。

【分布型】中国 - 日本（SJ）分布。

【属　名】半夏属 *Pinellia* Tenore.

【种　名】虎掌 *Pinellia pedatisecta* Schott

【生　境】生于海拔 1 000 m 以下的山坡林下、山谷或河谷阴湿处。

【分布型】中国特有分布。

【属　名】斑龙芋属 *Sauromatum* Schott

【种　名】独角莲 *Sauromatum giganteum* (Engl.) Cusim. et Hettersch.

【生　境】生于海拔 1 500 m 以下的山坡、水沟旁。

【分布型】中国特有分布。

8 鸭跖草科 Commelinaceae

【属　名】鸭跖草属 *Commelina* Linn.

【种　名】鸭跖草 *Commelina communis* Linn.

【生　境】常见于湿地。

【分布型】东亚分布。

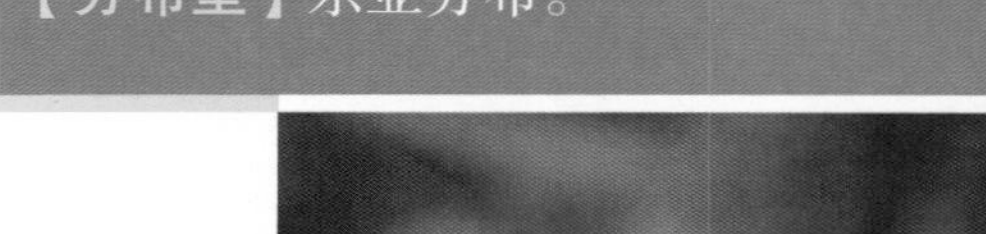

【属　名】竹叶子属 *Streptolirion* Edgew.

【种　名】竹叶子 *Streptolirion volubile* Edgew.

【生　境】生于路旁或山坡草地。

【分布型】东亚分布。

9 灯心草科 Juncaceae

【属　名】灯心草属 *Juncus* Linn.

【种　名】扁茎灯心草 *Juncus gracillimus* (Buch.) Krecz. et Gontsch.

【生　境】生于海拔 1 500 m 以下的沼泽、河岸等地。

【分布型】欧亚温带分布。

10 百合科 Liliaceae

【属　名】葱属 *Allium* Linn.

【种　名】茖葱（茖韭）*Allium victorialis* Linn.

【生　境】生于山坡林下或草地。

【分布型】北温带分布。

【属　名】葱属 *Allium* Linn.

【种　名】薤白（小蒜、羊胡子）*Allium macrostemon* Bge.

【生　境】生于海拔 1 500 m 以下的山坡、沟谷或草地上。

【分布型】中国 - 日本（SJ）分布。

【属　名】葱属 *Allium* Linn.

【种　名】细叶韭 *Allium tenuissimum* Linn.

【生　境】生于山坡草地或路旁。

【分布型】温带亚洲分布。

【属　名】天门冬属 *Asparagus* (Tourn.) Linn.

【种　名】羊齿天门冬 *Asparagus filicinus* D. Don

【生　境】生于海拔 1 200 m 以上的山谷林下。

【分布型】中国 - 喜马拉雅（SH）分布

【属　名】天门冬属 *Asparagus* (Tourn.) Linn.

【种　名】天门冬 *Asparagus cochinchinensis* (Lour.) Merr.

【生　境】生于山坡疏林下、山谷、路旁。

【分布型】东亚分布。

【属　名】铃兰属 *Convallaria* Linn.

【种　名】铃兰 *Convallaria majalis* Linn.

【生　境】生于阴坡林下潮湿地。

【分布型】北温带分布。

【属　名】顶冰花属 *Gagea* Salisb.

【种　名】少花顶冰花 *Gagea pauciflora* (Turcz. ex Traut.) Ledeb.

【生　境】生于山坡草地。

【分布型】温带亚洲分布。

【属　名】萱草属 *Hemerocallis* Linn.

【种　名】小黄花菜 *Hemerocallis minor* Mill.

【生　境】生于山坡林下或草地。

【分布型】温带亚洲分布。

【属　名】洼瓣花属 *Lloydia* Reichenbach

【种　名】洼瓣花 *Lloydia serotina* (Linn.) Reichenbach

【生　境】生于山坡草地。

【分布型】北温带分布。

【属　名】舞鹤草属 *Maianthemum* Wigg.

【种　名】鹿药 *Maianthemum japonicum* (A. Gray) LaFrankie

【生　境】生于山坡草地。

【分布型】中国 - 日本（SJ）分布。

【属　名】沿阶草属 *Ophiopogon* Ker Gawler
【种　名】沿阶草 *Ophiopogon bodinieri* Levl.
【生　境】生于山坡、路旁、山谷潮湿处。
【分布型】中国特有分布。

【属　名】重楼属 *Paris* Linn.

【种　名】北重楼 *Paris verticillata* Rieb.

【生　境】生于海拔 1 100 m 以上的山坡林下、草丛、阴湿地。

【分布型】中国 - 日本（SJ）分布。

【属　名】黄精属 *Polygonatum* Mill.
【种　名】玉竹 *Polygonatum odoratum* (Mill.) Druce.
【生　境】生于 1 780 m 以下的山坡林下。
【分布型】欧亚温带分布。

【属　名】黄精属 *Polygonatum* Mill.

【种　名】二苞黄精 *Polygonatum involucratum* (Franch. et Sav.) Maxim.

【生　境】生于山坡林下或阴湿处。

【分布型】中国 - 日本（SJ）分布。

【属　名】黄精属 *Polygonatum* Mill.

【种　名】黄精 *Polygonatum sibiricum* Redoute

【生　境】生于山坡林下或阴湿地。

【分布型】温带亚洲分布。

【属　名】黄精属 *Polygonatum* Mill.

【种　名】湖北黄精 *Polygonatum zanlanscianense* Pamp.

【生　境】生于林下或山坡阴湿地。

【分布型】中国特有分布。

【属　名】菝葜属 *Smilax* Linn.

【种　名】鞘柄菝葜 *Smilax stans* Maxim.

【生　境】生于海拔 1 780m 以下的山坡林下。

【分布型】中国 - 日本（SJ）分布。

11 薯蓣科 Dioscoreaceae

【属　名】薯蓣属 *Dioscorea* Linn.

【种　名】穿龙薯蓣 *Dioscorea nipponica* Makino.

【生　境】生于海拔 1 700 m 以下的山谷灌丛、杂木林中。

【分布型】中国 - 日本（SJ）分布。

【属　名】薯蓣属 *Dioscorea* Linn.
【种　名】薯蓣 *Dioscorea polystachya* Turcz.
【生　境】生于海拔 1 500 m 以下的溪边、路旁的灌丛中或杂草中。
【分布型】中国 - 日本（SJ）分布。

12 鸢尾科 Iridaceae

【属　名】射干属 *Belamcanda* Adans.

【种　名】射干 *Belamcanda chinensis* (Linn.) Redoute

【生　境】生于林缘或山坡草地。

【分布型】东亚分布。

【属　名】鸢尾属 *Iris* Linn.

【种　名】马蔺 *Iris lactea* Pall.

【生　境】生于山坡草地。

【分布型】温带亚洲分布。

【属　名】鸢尾属 *Iris* Linn.

【种　名】粗根鸢尾 *Iris tigridia* Bge. ex Ledeb.

【生　境】生于干旱山坡上。

【分布型】温带亚洲分布。

13 兰科 Orchidaceae

【属　名】杓兰属 *Cypripedium* Linn.

【种　名】毛杓兰 *Cypripedium franchetii* E. H. Wils.

【生　境】生于林中湿润、腐殖质丰富之处。

【分布型】中国特有分布。

【属　名】杓兰属 *Cypripedium* Linn.

【种　名】绿花杓兰 *Cypripedium henryi* Rolfe

【生　境】生于坡地上湿润和腐殖质丰富之地。

【分布型】中国特有分布。

【属 名】掌裂兰属 *Dactylorhiza* Neck. ex Nevsk.

【种 名】凹舌兰 *Dactylorhiza viridis* (Linn.) R. M. Batem.

【生 境】生于海拔 1 200 m 以上的山坡林下。

【分布型】北温带分布。

【属　名】火烧兰属 *Epipactis* Zinn.

【种　名】火烧兰 *Epipactis helleborine* (Linn.) Crantz

【生　境】生于海拔 1 780 m 以下的山坡林下、草丛。

【分布型】欧亚温带分布。

【属　名】斑叶兰属 *Goodyera* R. Brown

【种　名】小斑叶兰 *Goodyera repens* (Linn.) R. Br.

【生　境】生于山坡或沟谷林下。

【分布型】欧亚温带分布。

【属　名】角盘兰属 *Herminium* Linn.

【种　名】角盘兰 *Herminium monorchis* (Linn.) R. Br.

【生　境】生于山坡林下或河滩草地中。

【分布型】欧亚温带分布。

【属　名】羊耳蒜属 *Liparis* Rich.

【种　名】羊耳蒜 *Liparis campylostalix* Rchb. f.

【生　境】生于沟谷林下。

【分布型】中国 - 日本（SJ）分布。

【属　名】原沼兰属 *Malaxis* Soland. ex Sw.

【种　名】原沼兰 *Malaxis monophyllos* (Linn.) Sw.

【生　境】生于海拔 1 780 m 以下的林下或草坡上。

【分布型】北温带分布。

【属 名】兜被兰属 *Neottianthe* (Reich.) Schltr.

【种 名】二叶兜被兰 *Neottianthe cucullata* (Linn.) Schltr.

【生 境】生于山坡林下。

【分布型】欧亚温带分布。

【属　名】舌唇兰属 *Platanthera* Rich.

【种　名】二叶舌唇兰 *Platanthera chlorantha* (Cust.) Reich.

【生　境】生于海拔 1 780 m 以下的山坡林下或草丛中。

【分布型】欧亚温带分布。

附录 陕西延安黄龙山褐马鸡国家级自然保护区维管植物名录

一、石松类和蕨类植物 Lycophyta et Monilophyta

1. 卷柏科 Selaginellaceae

卷柏属 *Selaginella* Spring

红枝卷柏（圆枝卷柏）*Selaginella sanguinolenta* (Linn.) Spring

中华卷柏 *Selaginella sinensis* (Desv.) Spring

卷柏 *Selaginella tamariscina* (Beauv.) Spring

2. 木贼科 Equisetaceae

木贼属 *Equisetum* Linn.

问荆 *Equisetum arvense* Linn.

犬问荆 *Equisetum palustre* Linn.

节节草 *Equisetum ramosissimum* Desfont.

草问荆 *Equisetum pratense* Ehrhart

木贼 *Equisetum hyemale* Linn.

3. 碗蕨科 Dennstaedtiaceae

碗蕨属 *Dennstaedtia* Bernh.

溪洞碗蕨 *Dennstaedtia wilfordii* (T. Moore) Christ

蕨属 Pteridium Scop.

蕨 *Pteridium aquilinum* var. *latiusculum* (Desv.) Underw. ex Hell.

4. 凤尾蕨科 Pteridaceae

铁线蕨属 *Adiantum* Linn.

铁线蕨 *Adiantum capillus-veneris* Linn.

掌叶铁线蕨 *Adiantum pedatum* Linn.

白背铁线蕨 *Adiantum davidii* Franch.

粉背蕨属 *Aleuritopteris* Fee

银粉背蕨 *Aleuritopteris argentea* (Gmel.) Fee

陕西粉背蕨 *Aleuritopteris argentea* var. *obscura* (Christ) Ching

华北粉背蕨 *Aleuritopteris kuhnii* (Mild.) Ching

凤了蕨属 *Coniogramme* Fee

普通凤了蕨 *Coniogramme intermedia* Hieron.

5. 冷蕨科 Cystopteridaceae

冷蕨属 *Cystopteris* Bernh.

膜叶冷蕨 *Cystopteris pellucida* (Franch.) Ching

冷蕨 *Cystopteris fragilis* (Linn.) Bernh.

6. 铁角蕨科 Aspleniaceae

铁角蕨属 *Asplenium* Linn.

过山蕨 *Asplenium ruprechtii* Sa. Kurata

铁角蕨 *Asplenium trichomanes* Linn.

北京铁角蕨 *Asplenium pekinense* Hance

7. 蹄盖蕨科 Athyriaceae

羽节蕨属 *Gymnocarpitum* Newman

羽节蕨 *Gymnocarpium disjunctum* (Rupr.) Ching

蹄盖蕨属 *Athyrium* Roth

大叶假冷蕨 *Athyrium atkinsonii* Bedd.

麦秆蹄盖蕨 *Athyrium fallaciosum* Mild.

中华蹄盖蕨 *Athyrium sinense* Rupr.

对囊蕨属 *Deparia* Hook. et Grev.

陕西对囊蕨 *Deparia giraldii* (Christ) X. C. Zhang

河北对囊蕨 *Deparia vegetior* (Kitag.) X. C. Zhang

8. 岩蕨科 Woodsiaceae

岩蕨属 *Woodsia* R. Br

耳羽岩蕨 *Woodsia polystichoides* Eaton

9. 鳞毛蕨科 Dryopteridaceae

贯众属 *Cyrtomium* Presl

贯众 *Cyrtomium fortunei* J. Sm.

鳞毛蕨属 *Dryopteris* Adans

华北鳞毛蕨 *Dryopteris goeringiana* (Ktze.) Koidz.

耳蕨属 *Polystichum* Roth

华北耳蕨 *Polystichum craspedosorum* (Maxim.) Diels

10. 水龙骨科 Polypodiaceae

水龙骨属 *Polypodium* Linn.

中华水龙骨 *Polypodiodes chinensis* (Christ) S. G.

瓦韦属 *Lepisorus* Ching

网眼瓦韦 *Lepisorus clathratus* (Clarke) Ching

槲蕨属 *Drynaria* J. Sm.

秦岭槲蕨 *Drynaria baronii* (Christ) Diels

石韦属 *Pyrrosia* Mirbel

华北石韦 *Pyrrosia davidii* (Bak.) Ching

有柄石韦 *Pyrrosia petiolasa* (Christ) Ching

11. 槐叶苹科 Salviniaceae

槐叶苹属 *Salvinia* Adans.

槐叶苹 *Salvinia natans* (Linn.) All.

二、裸子植物 Gymnosopermae

1. 松科 Pinaceae

落叶松属 *Larix* Mill.

华北落叶松 *Larix gmelinii* var. *principis-rupprechtii* (Mayr) Pilger （引栽）

松属 *Pinus* Linn.

华山松 *Pinus armandii* Franch. （引栽）

白皮松 *Pinus bungeana* Zucc. et Endl.

油松 *Pinus tabuliformis* Carr.

2. 柏科 Cupressaceae

侧柏属 *Platycladus* Spach.

侧柏 *Platycladus orientalis* (Linn.) Endl.

刺柏属 *Juniperus* Linn.

刺柏 *Juniperus formosana* Hayata

3. 麻黄科 Ephedraceae

麻黄属 *Ephedra* Linn.

中麻黄 * *Ephedra intermedia* Schrenk ex C. A. Mey.

草麻黄 Ephedra sinica Stapf

三、被子植物 Angiospermae

（一）双子叶植物 Dicotyledoneae

4. 金粟兰科 Chloranthaceae

金粟兰属 *Chloranthus* Swartz

银线草 *Chloranthus japonicus* Sieb.

5. 杨柳科 Salicaceae

杨属 *Populus* Linn.

山杨 *Populus davidiana* Dode

小叶杨 *Populus simonii* Carr.

柳属 *Salix* Linn.

黄花柳 *Salix caprea* Linn.

乌柳 *Salix cheilophila* Schneid.

宽叶翻白柳 *Salix hypoleuca* var. *platyphylla* Schneid.

黄龙柳 *Salix liouana* C. Wang et C. Y. Yang

旱柳 *Salix matsudana* Koidz.

中国黄花柳 *Salix sinica* (Hao) C.Wang et C. F. Fang

红皮柳 *Salix sinopurpurea* C. Wang et C. Y. Yu

皂柳 *Salix wallichiana* Anderss.

6. 胡桃科 Juglandaceae

胡桃属 *Juglans* Linn.

胡桃楸 *Juglans mandshurica* Maxim.

野核桃 *Juglans cathayensis* Dode

核桃（胡桃）*Juglans regia* Linn.（栽培或归化）

7. 桦木科 Betulaceae

桦木属 *Betula* Linn.

白桦 *Betula platyphylla* Suk.

鹅耳枥属 *Carpinus* Linn.

千金榆 *Carpinus cordata* Bl.

鹅耳枥 *Carpinus turczaninowii* Hance

小叶鹅耳枥 *Carpinus stipulata* H. Winkl.

榛属 *Corylus* Linn.

榛 *Corylus heterophylla* Fisch. ex Trautv.

虎榛子属 *Ostryopsis* Decne.

虎榛子 *Ostryopsis davidiana* (Baill.) Decne.

8. 壳斗科 Fagaceae

栗属 *Castanea* Mill

板栗 *Castanea mollissima* Bl.

栎属 *Quercus* Linn.

麻栎 *Quercus acutissima* Carr.

槲栎 *Quercus aliena* Bl.

槲树 *Quercus dentata* Thunb.

辽东栎 *Quercus wutaishanica* Mayr

栓皮栎 *Quercus variabilis* Bl.

9. 榆科 Ulmaceae

朴属 *Celtis* Linn.

黑弹树（小叶朴）*Celtis bungeana* Bl.

朴树（黄果朴） *Celtis sinensis* Pers.

大叶朴 *Celtis koraiensis* Nakai

刺榆属 *Hemiptelea* Planch.

刺榆 *Hemiptelea davidii* (Hance) Planch.

榆属 *Ulmus* Linn.

黑榆 * *Ulmus davidiana* Planch.

春榆 *Ulmus davidiana* var. *japonica* Nakai

旱榆（灰榆） *Ulmus glaucescens* Franch.

大果榆 *Ulmus macrocarpa* Hance

榆树 *Ulmus pumila* Linn.

榉属 ** *Zelkova* Spach

榉树 * *Zelkova serrata* (Thunb.) Makino

10. 桑科 Moraceae

构树属 *Broussonetia* L'Herit. ex Vent.

构树 *Broussonetia papyrifera* (Linn.) L'Herit. ex Vent.

柘属 *Maclura* Nutt.

柘（柘树）*Maclura tricuspidata* Carr.

桑属 *Morus* Linn.

桑树 *Morus alba* Linn.

鸡桑 *Morus australis* Poir.

华桑 *Morus cathayana* Hemsl.

11. 大麻科 Cannabaceae

葎草属 *Humulus* Linn.

啤酒花 *Humulus lupulus* Linn.

葎草 *Humulus scandens* (Lour.) Merr.

12. 荨麻科 Urticaceae

苎麻属 *Boehmeria* Jacq.

赤麻 *Boehmeria silvestrii* (Pamp.) W. T. Wang

八角麻（悬铃叶苎麻）*Boehmeria tricuspis* (Hance) Makino

艾麻属 *Laportea* Gaud

艾麻 *Laportea cuspidata* (Wedd.) Friis

珠芽艾麻 *Laportea bulbifera* (Sieb. et Zucc.) Wedd.

墙草属 *Parietaria* Linn.

墙草 *Parietaria micrantha* Ledeb.

冷水花属 *Pilea* Lindl.

透茎冷水花 *Pilea pumila* (Linn.) A. Gray

荨麻属 *Urtica* Linn.

麻叶荨麻（焮麻、火麻、蝎子草）*Urtica cannabina* Linn.

宽叶荨麻 *Urtica laetevirens* Maxim.

13. 檀香科 Santalaceae

百蕊草属 *Thesium* Linn.

百蕊草 *Thesium chinense* Turcz.

急折百蕊草 *Thesium refractum* Mey.

14. 桑寄生科 Loranthaceae

桑寄生属 *Loranthus* Jacq.

北桑寄生 *Loranthus tanakae* Franch.et Sav.

槲寄生属 *Viscum* Linn.

槲寄生 *Viscum coloratum* (Kom.) Nakai

15. 马兜铃科 Aristolochiaceae

马兜铃属 *Aristolochia* Linn.

北马兜铃 *Aristolochia contorta* Bge.

16. 蓼科 Polygonaceae

荞麦属 *Fagopyrum* Gaertn.

细柄野荞 *Fagopyrum gracilipes* (Hemsl.) Damm.
苦荞 *Fagopyrum tataricum* (Linn.) Gaertn.
蓼属 *Polygonum* Linn.
萹蓄 *Polygonum aviculare* Linn.
水蓼 *Polygonum hydropiper* Linn.
马蓼（酸模叶蓼）*Polygonum lapathifolium* Linn.
绵毛马蓼（柳叶蓼）*Polygonum lapathifolium* var. *salicifolium* Sibth.
长鬃蓼 *Polygonum longisetum* Bruijn
尼泊尔蓼 *Polygonum nepalense* Meisn.
红蓼 *Polygonum orientale* Linn.
杠板归 *Polygonum perfoliatum* Linn.
丛枝蓼 *Polygonum posumbu* Buch.-Ham.
西伯利亚神血宁 *Polygonum sibiricum* Laxm.
支柱拳参 *Polygonum suffultum* Maxim.
香蓼 *Polygonum viscosum* Buch.-Ham. ex D. Don
珠芽拳参（珠芽蓼）*Polygonum viviparum* Linn.
首乌属 *Fallopia* Adanson
木藤首乌 *Fallopia aubertii* (L. Henry) Holub
蔓首乌 *Fallopia convolvulus* Linn.
虎杖属 ** *Reynoutria* Houtt.
虎杖 * *Reynoutria japonica* Houtt.
大黄属 *Rheum* Linn.
波叶大黄 *Rheum rhabarbarum* Linn.
酸模属 *Rumex* Linn.
酸模 *Rumex acetosa* Linn.
皱叶酸模 *Rumex crispus* Linn.
齿果酸模 *Rumex dentatus* Linn.
巴天酸模 *Rumex patientia* Linn.

17. 藜科 Chenopodiaceae

轴藜属 *Axyris* Linn.
轴藜 *Axyris amaranthoides* Linn.
藜属 *Chenopodium* Linn.
藜 *Chenopodium album* Linn.
杂配藜 *Chenopodium hybridum* Linn.
灰绿藜 *Chenopodium glaucum* Linn.
刺藜属 *Dysphania* R. Br.
刺藜 *Dysphania aristata* (Linn.) Mosyakin et Clemants
菊叶香藜 *Dysphania schraderiana* (Roem. et Schult.) Mosyakin et Clemants
地肤属 *Kochia* Roth.
地肤 *Kochia scoparia* (Linn.) Schrad.
猪毛菜属 *Salsola* Linn.
猪毛菜 *Salsola collina* Pall.
碱蓬属 *Suaeda* Forsk.
碱蓬 *Suaeda glauca* Bge.

18. 苋科 Amaranthaceae

苋属 *Amaranthus* Linn.
凹头苋 *Amaranthus blitum* Linn.
反枝苋 *Amaranthus retroflexus* Linn.

19. 商陆科 Phytolaccaceae

商陆属 *Phytolacca* Linn.
商陆 *Phytolacca acinosa* Roxb.

20. 马齿苋科 Portulacaceae

马齿苋属 *Portulaca* Linn.
马齿苋 *Portulaca oleracea* Linn.

21. 石竹科 Caryophyllaceae

无心菜属 *Arenaria* Linn.
无心菜 *Arenaria serpyllifolia* Linn.
卷耳属 *Cerastium* Linn.
卷耳 *Cerastium arvense* Linn.
簇生泉卷耳 *Cerastium fontanum* subsp. triviale (Murb.) Jalas.
石竹属 *Dianthus* Linn.
石竹 *Dianthus chinensis* Linn.
瞿麦 *Dianthus superbus* Linn.
石头花属 *Gypsophila* Linn.
细叶石头花 *Gypsophila licentiana* Hand.-Mzt.
长蕊石头花 *Gypsophila oldhamiana* Miquel
薄蒴草属 *Lepyrodiclis* Fenzl
薄蒴草 *Lepyrodiclis holosteoides* (C. A. Mey.) Fisch. et Mey.

鹅肠菜属 *Myosoton* Moench
鹅肠菜（牛繁缕）*Myosoton aquaticum* (Linn.) Moench
孩儿参属 *Pseudostellaria* Pax
蔓孩儿参 *Pseudostellaria davidii* (Franch.) Pax
漆姑草属 *Sagina* Linn.
漆姑草 *Sagina japonica* (Sw.) Ohwi
肥皂草属 *Saponaria* Linn.
肥皂草 *Saponaria officinalis* Linn.（逸生）
蝇子草属 *Silene* Linn.
女娄菜 *Silene aprica* Turcz. ex Fisch. et Mey.
坚硬女娄菜 *Silene firma* Sieb. et Zucc.
狗筋蔓 *Silene baccifera* (Linn.) Roth
麦瓶草 *Silene conoidea* Linn.
鹤草（蝇子草、蚊子草）*Silene fortunei* Vis.
蔓茎蝇子草 *Silene repens* Patr.
石生蝇子草 *Silene tatarinowii* Regel
繁缕属 *Stellaria* Linn.
中国繁缕 *Stellaria chinensis* Regel
禾叶繁缕 *Stellaria graminea* Linn.
繁缕 *Stellaria media* (Linn.) Vill.
腺毛繁缕 *Stellaria nemorum* Linn.
沼生繁缕 *Stellaria palustris* Retz.
箐姑草 * *Stellaria vestita* Kurz
麦蓝菜属 *Vaccaria* Wolf
麦蓝菜（王不留行）*Vaccaria hispanica* (Mill.) Rausch.

22. 金鱼藻科 Ceratophyllaceae

金鱼藻属 *Ceratophyllum* Linn.
金鱼藻 *Ceratophyllum demersum* Linn.

23. 芍药科 Paeoniaceae

芍药属 *Paeonia* Linn.
芍药 *Paeonia lactiflora* Pall.
草芍药 *Paeonia obovata* Maxim.
紫斑牡丹 *Paeonia rockii* (S. G. Haw et Lauener) T. Hong et J. J. Li

24. 毛茛科 Ranunculaceae

乌头属 *Aconitum* Linn.
牛扁 *Aconitum barbatum* var. *puberlum* Ledeb.
西伯利亚乌头 *Aconitum barbatum* Pers. var. *hispidum* Ledeb.
乌头 *Aconitum carmichaelii* Debx.
松潘乌头 *Aconitum sungpanense* Hand.-Mazz.
类叶升麻属 *Actaea* Linn.
类叶升麻 *Actaea asiatica* H. Hara
银莲花属 *Anemone* Linn.
小花草玉梅 *Anemone rivularis* var. *flore-minore* Maxim.
大火草 *Anemone tomentosa* (Maxim.) Péi
耧斗菜属 *Aquilegia* Linn.
耧斗菜 *Aquilegia viridiflora* Pall.
华北耧斗菜 *Aquilegia yabeana* Kitag.
升麻属 *Cimicifuga* Linn.
升麻 *Cimicifuga foetida* Linn.
小升麻（金龟草）*Cimicifuga japonica* (Thunb.) Spreng.
铁线莲属 *Clematis* Linn.
短尾铁线莲 *Clematis brevicaudata* DC.
灌木铁线莲 *Clematis fruticosa* Turcz.
粉绿铁线莲 *Clematis glauca* Willd.
粗齿铁线莲 *Clematis grandidentata* (Rehd. et E. H. Wilson) W. T. Wang
大叶铁线莲 *Clematis heracleifolia* DC.
棉团铁线莲 *Clematis hexapetala* Pall.
黄花铁线莲 *Clematis intricata* Bge.
秦岭铁线莲 *Clematis obscura* Maxim.
钝萼铁线莲 *Clematis peterae* Hand.-Mazz.
陕西铁线莲 * *Clematis shensiensis* W. T. Wang
圆锥铁线莲（黄药子）*Clematis terniflora* DC.
翠雀属 *Delphinium* Linn.
翠雀 *Delphinium grandiflorum* Linn.
腺毛翠雀 *Delphinium grandiflorum* var. *gilgianum* (Pilg. ex Gilg) Finet et Gagnep.
冀北翠雀花（细须翠雀花）*Delphinium siwanense* Franch

碱毛茛属 *Halerpestes* Green.

水葫芦苗（圆叶碱毛茛）*Halerpestes sarmentosa* (Adams) Kom. et Aliss.

白头翁属 *Pulsatilla* Adens.

白头翁 *Pulsatilla chinensis* (Bge.) Regel

毛茛属 *Ranunculus* Linn.

茴茴蒜 *Ranunculus chinensis* Bge.

毛茛 *Ranunculus japonicus* Thunb.

石龙芮 *Ranunculus sceleratus* Linn.

唐松草属 *Thalictrum* Linn.

贝加尔唐松草 *Thalictrum baicalense* Turcz.

丝叶唐松草 * *Thalictrum foeniculaceum* Bge.

东亚唐松草 *Thalictrum minus* var. *hypoleucum* (Sieb. et Zucc.) Miq.

瓣蕊唐松草 *Thalictrum petaloideum* Linn.

展枝唐松草 *（猫爪子）*Thalictrum squarrosum* Steph. ex Willd.

细唐松草 * *Thalictrum tenue* Franch.

25. 小檗科 Berberidaceae

小檗属 *Berberis* Linn.

黄芦木（小檗）*Berberis amurensis* Rupr.

短柄小檗 *Berberis brachypoda* Maxim.

直穗小檗 *Berberis dasystachya* Maxim.

首阳小檗 *Berberis dielsiana* Fedde

延安小檗 *Berberis purdomii* Schneid.

陕西小檗 *Berberis shensiana* Ahrendt

淫羊藿属 *Epimedium* Linn.

淫羊藿 *Epimedium brevicornu* Maxim.

26. 防己科 Menispermaceae

蝙蝠葛属 *Menispermum* Linn.

蝙蝠葛 *Menispermum dauricum* DC.

27. 五味子科 Schisandraceae

五味子属 *Schisandra* Michx.

五味子（北五味子）*Schisandra chinensis* (Turcz.) Baill.

28. 樟科 Lauraceae

木姜子属 *Litsea* Lam.

木姜子 *Litsea pungens* Hemsl.

29. 罂粟科 Papaveraceae

白屈菜属 *Chelidonium* Linn.

白屈菜 *Chelidonium majus* Linn.

紫堇属 *Corydalis* DC.

地丁草 *Corydalis bungeana* Maxim.

紫堇 *Corydalis edulis* Maxim.

北京延胡索 * *Corydalis gamosepala* Maxim.

黄堇 * *Corydalis pallida* (Thunb.) Pers.

蛇果黄堇 *Corydalis ophiocarpa* Hook. f. et Thoms.

假刻叶紫堇 * *Corydalis pseudoincisa* C. Y. Wu, Z. Y. Su et Liden

小黄紫堇 *（黄花地丁）*Corydalis raddeana* Regel

石生黄堇（岩黄连）*Corydalis saxicola* Bunting

珠果黄堇 * *Corydalis speciosa* Maxim.

秃疮花属 *Dicranostigma* Hook. f. et. Thoms.

秃疮花 *Dicranostigma leptopodum* (Maxim.) Fedde

荷青花属 ** *Hylomecon* Maxim.

荷青花 * *Hylomecon japonica* (Thunb.) Prantl et Kundig

角茴香属 *Hypecoum* Linn.

角茴香 *Hypecoum erectum* Linn.

博落回属 *Macleaya* R. Br.

小果博落回 *Macleaya microcarpa* (Maxim.) Fedde

30. 十字花科 Brassicaceae

南芥属 *Arabis* Linn.

小花南芥 *Arabis alpina* var. *parviflora* Franch.

硬毛南芥 *Arabis hirsuta* (Linn.) Scop.

垂果南芥 *Arabis pendula* Linn.

荠属 *Capsella* Medik.

荠 *Capsella bursa-pastoris* (Linn.) Medik.

碎米荠属 * *Cardamine* Linn.

大叶碎米荠 * *Cardamine macrophylla* Willd.

离子芥属 *Chorispora* R. Br. ex DC.

离子芥 *Chorispora tenella* (Pall.) DC.

播娘蒿属 *Descurainia* Webb. et Berth.

播娘蒿 *Descurainia sophia* (Linn.) Webb. ex Prantl

花旗杆属 *Dontostemon* Andr. ex C. A. Mey.

小花花旗杆 *Dontostemon micranthus* C. A. Mey.

葶苈属 *Draba* Linn.

葶苈 *Draba nemorosa* Linn.

芝麻菜属 *Eruca* Mill.

芝麻菜 *Eruca vesicaria* subsp. *sativa* (Mill.) Thell.

糖芥属 *Erysimum* Linn.

糖芥 *Erysimum amurense* Kitag.

小花糖芥 *Erysimum cheiranthoides* Linn.

独行菜属 *Lepidium* Linn.

独行菜 *Lepidium apetalum* Willd.

宽叶独行菜 *Lepidium latifolium* Linn.

涩芥属 *Malcolmia* R. Br.

涩芥 *Malcolmia africana* (Linn.) R. Br.

诸葛菜属 ** *Orychophragmus* Bge.

诸葛菜 * *Orychophragmus violaceus* (Linn.) O. E. Schulz

蔊菜属 *Rorippa* Scop.

蔊菜 *Rorippa indica* (Linn.) Hiern

沼生蔊菜 *Rorippa palustris* (Linn.) Bess.

无瓣蔊菜 *Rorippa dubia* (Pers.) H. Hara

菥蓂属 *Thlaspi* Linn.

菥蓂 *Thlaspi arvense* Linn.

31. 景天科 Crassulaceae

八宝属 *Hylotelephium* H. Ohba

八宝 *Hylotelephium erythrostictum* (Miq.) H. Ohba.

轮叶八宝 *Hylotelephium verticillatum* (Linn.) H. Ohba.

瓦松属 *Orostachys* Fisch.

瓦松 *Orostachys fimbriata* (Turcz.) Berger

费菜属 *Phedimus* Rafin.

费菜 *Phedimus aizoon* (Linn.) 't Hart

狭叶费菜 *Phedimus aizoon* var. *yamatutae* (Kitag.) H. Ohba et al.

景天属 *Sedum* Linn.

平叶景天（狗牙瓣）*Sedum planifolium* K. T. Fu

垂盆草（豆瓣菜、狗牙瓣、佛甲草）*Sedum sarmentosum* Bge.

火焰草（繁缕叶景天）*Sedum stellariifolium* Franch.

32. 虎耳草科 Saxifragaceae

落新妇属 *Astilbe* Buch.–Ham.

落新妇（红升麻）*Astilbe chinensis* (Maxim.) Franch. et. Savat.

金腰属 *Chrysosplenium* Linn.

毛金腰 *Chrysosplenium pilosum* Maxim.

中华金腰 *Chrysosplenium sinicum* Maxim.

溲疏属 *Deutzia* Thunb.

大花溲疏 *Deutzia grandiflora* Bge.

小花溲疏 *Deutzia parviflora* Bge.

绣球属 *Hydrangea* Linn.

东陵绣球（东陵八仙花）*Hydrangea bretschneideri* Dipp.

挂苦绣球 *Hydrangea xanthoneura* Diels

梅花草属 *Parnassia* Linn.

细叉梅花草 *Parnassia oreophila* Hance.

扯根菜属 *Penthorum* Linn.

扯根菜 *Penthorum chinense* Pursh

山梅花属 *Philadelphus* Linn.

山梅花 *Philadelphus incanus* Koehne

太平花 *Philadelphus pekinensis* Rupr.

茶藨子属 *Ribes* Linn.

糖茶藨子 *Ribes himalense* Royle ex Decne.

瘤糖茶藨子 *Ribes himalense* var. *verruculosum* (Rehd.) L. T. Lu

华西茶藨子 *Ribes maximowiczii* Batal.

美丽茶藨子 *Ribes pulchellum* Turcz.

33. 蔷薇科 Rosaceae

龙芽草属 *Agrimonia* Linn.

龙芽草 *Agrimonia pilosa* Ledeb.

黄龙尾 *Agrimonia pilosa* var. *nepalensis* (D. Don) Nakai.

桃属 *Amygdalus* Linn.
山桃 *Amygdalus davidiana* (Carr.) Fr.
陕甘山桃 *Amygdalus davidiana* var. *potaninii* (Batal.) T. T. Yu et L. T. Lu
甘肃桃 *Amygdalus kansuensis* (Rehd.) Skeels
杏属 *Armeniaca* Mill.
山杏 *Armeniaca sibirica* (Linn.) Lam.
毛杏 *Armeniaca sibirica* var. *pubescens* Kost.
野杏 *Armeniaca vulgaris* var. *ansu* (Maxim.) Yu et Lu
樱属 *Cerasus* Mill.
毛叶欧李 *Cerasus dictyoneura* (Diels) Holub
多毛樱桃 *Cerasus polytricha* (koehne) Yu et Li
毛樱桃 *Cerasus tomentosa* (Thunb.) Wall.
栒子属 *Cotoneaster* B. Ehrhart.
灰栒子 *Cotoneaster acutifolius* Turcz.
毛灰栒子（密毛灰栒子）*Cotoneaster acutifolius* var. *villosulus* Rehd. et Wils.
细弱栒子 *Cotoneaster gracilis* Rehd. et Wils.
水栒子 *Cotoneaster multiflorus* Bge.
毛叶水栒子 *Cotoneaster submultiflorus* Popov
西北栒子 *Cotoneaster zabelii* Schneid.
山楂属 *Crataegus* Linn.
湖北山楂 *Crataegus hupehensis* Sarg.
甘肃山楂 *Crataegus kansuensis* Wils.
桔红山楂 *Crataegus aurantia* Pojark.
山楂 *Crataegus pinnatifida* Bge.
蛇莓属 *Duchesnea Juglans E.* Smith
蛇莓 *Duchesnea indica* (Andr.) Focka
白鹃梅属 *Exochorda* Lindl.
红柄白鹃梅 *Exochorda giraldii* Hesse.
草莓属 *Fragaria* Linn.
东方草莓 *Fragaria orientalis* Lozinsk.
野草莓 *Fragaria vesca* Linn.
路边青属 *Geum* Linn.
路边青 *Geum aleppicum* Jacq.
苹果属 *Malus* Mill.
山荆子 *Malus baccata* (Linn.) Borkh.
湖北海棠 *Malus hupehensis* (Pamp.) Rehd.
河南海棠 *Malus honanensis* Rehd.
陇东海棠 *Malus kansuensis* (Batal.) Schneid.
毛山荆子 *Malus manshurica* (Maxim.) Kom.
楸子（海棠果）*Malus prunifolia* (Willd.) Borkh.
花叶海棠 *Malus transitoria* (Batal.) Schneid.
委陵菜属 *Potentilla* Linn.
蕨麻（鹅绒委陵菜）*Potentilla anserina* Linn.
二裂委陵菜 Po*tentilla bifurca* Linn.
委陵菜 Po*tentilla chinensis* Ser.
翻白草 *Potentilla discolor* Bge.
莓叶委陵菜 * *Potentilla fragarioides* Linn.
三叶委陵菜 *Potentilla freyniana* Bornm.
多茎委陵菜 *Potentilla multicaulis* Bge.
多裂委陵菜 *Potentilla multifida* Linn.
绢毛匍匐委陵菜 *Potentilla reptans* var. *sericophylla* Franch.
西山委陵菜 *Potentilla sischanensis* Bge. et Lehm.
朝天委陵菜 *Potentilla supina* Linn.
扁核木属 *Prinsepia* Royle
蕤核（扁核木、马茹） *Prinsepia uniflora* Batal.
稠李属 *Padus* Mill.
稠李 P*adus avium* Mill.
北亚稠李 *Padus avium* var. *asiatica* (Kom.) T. C. Ku et B. Barth.
李属 *Prunus* Linn.
李 *Prunus salicina* Lindl.
梨属 *Pyrus* Linn.
杜梨 *Pyrus betulifolia* Bge.
木梨（野梨）*Pyrus xerophila* T. T. Yu
蔷薇属 *Rosa* Linn.
刺蔷薇 * *Rosa acicularis* Lindl.
陕西蔷薇 *Rosa giraldii* Crep.
黄蔷薇 *Rosa hugonis* Hemsl.
钝叶蔷薇 *Rosa sertata* Rolfe

黄刺玫 *Rosa xanthina* Lindl.
单瓣黄刺玫 *Rosa xanthina* f. *normalis* Rehd. et Wils.
悬钩子属 *Rubus* Linn.
牛叠肚 *Rubus crataegifolius* Bge.
喜阴悬钩子 *Rubus mesogaeus* Focke
茅莓 *Rubus parvifolius* Linn.
腺花茅莓 *Rubus parvifolius* var. *adenochlamys* (Focke) Migo
菰帽悬钩子 *Rubus pileatus* Focke
地榆属 *Sanguisorba* Linn.
地榆 *Sanguisorba officinalis* Linn.
花楸属 *Sorbus* Linn.
湖北花楸 *Sorbus hupehensis* C. K. Schneid.
绣线菊属 *Spiraea* Linn.
楼斗菜叶绣线菊 *Spiraea aquilegiifolia* Pall.
绣球绣线菊 *Spiraea blumei* G. Don
大叶华北绣线菊 *Spiraea fritschiana* var. *angulata* (Fritsch ex Schneid.) Rehd.
蒙古绣线菊 *Spiraea mongolia* Maxim.
土庄绣线菊 *Spiraea pubescens* Turcz.
三裂绣线菊 *Spiraea trilobata* Linn.

34. 豆科 Fabaceae

紫穗槐属 *Amorpha* Linn.
紫穗槐 *Amorpha fruticosa* Linn.（栽培或归化）
两型豆属 *Amphicarpaea* Ell. ex Nutt.
两型豆 *Amphicarpaea edgeworthii* Benth.
黄耆属 *Astragalus* Linn.
地八角（土牛膝）*Astragalus bhotanensis* Bak.
达乌里黄耆(兴安黄耆)*Astragalus dahuricus* (Pall.) DC.
鸡峰山黄耆 *Astragalus kifonsanicus* Ulbr.
斜茎黄耆（直立黄耆、沙大旺）*Astragalus laxmannii* Jacq.
草木樨状黄耆 *Astragalus melilotoides* Pall.
糙叶黄耆 *Astragalus scaberrimus* Bge.
小米黄耆 *Astragalus satoi* Kitagawa
蒙古黄耆 *Astragalus mongholicus* Bge.
乳白黄耆 *Astragalus galactites* Pall.
膨果豆属 *Phyllolobium* Fisch.
背扁膨果豆 *Phyllolobium chinense* Fisch.
杭子梢属 *Campylotropis* Bge.
杭子梢 *Campylotropis macrocarpa* (Bge.) Rehd.
锦鸡儿属 *Caragana* Fabr.
树锦鸡儿 *Caragana arborescens* Lam.
毛掌叶锦鸡儿 *Caragana leveillei* Kom.
秦晋锦鸡儿（延安锦鸡儿）*Caragana purdomii* Rehd.
红花锦鸡儿 *Caragana rosea* Turcz. ex Maxim.
秦岭锦鸡儿 *Caragana shensiensis* C. W. Chang.
柄荚锦鸡儿 *Caragana stipitata* Kom.
皂荚属 *Gleditsia* Linn.
皂荚 *Gleditsia sinensis* Lam.
大豆属 *Glycine* Linn.
野大豆 *Glycine soja* Sieb. et Zucc.
甘草属 *Glycyrrhiza* Linn.
甘草 *Glycyrrhiza uralensis* Fisch.
米口袋属 *Gueldenstedtia* Fisch.
少花米口袋（米口袋、狭叶米口袋）*Gueldenstaedtia verna* (Georg.) Boriss.
长柄山蚂蝗属 *Hylodesmum* H. Ohashi et R. R. Mill
长柄山蚂蝗 *Hylodesmum podocarpum* (DC.) H. Ohashi et R. R. Mill
木蓝属 *Indigofera* Linn.
多花木蓝 *Indigofera amblyantha* Craib
河北木蓝（铁扫帚）*Indigofera bungeana* Walp.
苏木蓝 * *Indigofera carlesii* Craib
鸡眼草属 *Kummerowia* Schindl.
长萼鸡眼草（掐不齐）*Kummerowia stipulacea* (Maxim.) Makino
鸡眼草（掐不齐）*Kummerowia striata* (Thunb.) Schindl.
山黧豆属 *Lathyrus* Linn.
大山黧豆 *Lathyrus davidii* Hance

牧地山黧豆 *Lathyrus pratensis* Linn.

山黧豆 *Lathyrus quinquenervius* (Miq.) Litv.

胡枝子属 *Lespedeza* Michx.

胡枝子 *Lespedeza bicolor* Turcz.

长叶胡枝子（长叶铁扫帚）*Lespedeza caraganae* Bge.

截叶铁扫帚 *Lespedeza cuneata* (Dum.-Cours.) G. Don

短梗胡枝子 *Lespedeza cyrtobotrya* Miq.

兴安胡枝子（达乌里胡枝子）*Lespedeza davurica* (Laxm.) Schindl.

多花胡枝子 *Lespedeza floribunda* Bge.

阴山胡枝子（白指甲花）*Lespedeza inschanica* (Maxim.) Schindl.

牛枝子 * *Lespedeza potaninii* Vass.

美丽胡枝子 *Lespedeza thunbergii* subsp. *formosa* (Vogel) H. Ohashi

绒毛胡枝子(山豆花)*Lespedeza tomentosa* (Thunb.) Sieb. ex Maxim.

苜蓿属 *Medicago* Linn.

天蓝苜蓿 *Medicago lupulina* Linn.

小苜蓿 *Medicago minima* (Linn.) Grufb.

花苜蓿（扁蓿豆）*Medicago ruthenica* (Linn.) Trautv.

草木犀属 *Melilotus* Mill.

草木犀 *Melilotus officinalis* (Linn.) Lam.

白花草木犀 *Melilotus albus* Med.

棘豆属 *Oxytropis* DC.

地角儿苗（二色棘豆）*Oxytropis bicolor* Bge.

米口袋状棘豆 *Oxytropis gueldenstaedtioides* Ulbr.

硬毛棘豆（毛棘豆）*Oxytropis hirta* Bge.

窄膜棘豆 *Oxytropis moellendorffii* Bge. ex Maxim.

多叶棘豆（狐尾藻棘豆）*Oxytropis myriophylla* (Pall.) DC.

黄毛棘豆 * *Oxytropis ochrantha* Turcz.

葛藤属 *Pueraria* DC.

葛藤 *Pueraria montana* (Lour.) Merr.

刺槐属 *Robinia* Linn.

刺槐 *Robinia pseudoacacia* Linn.（栽培或归化）

苦马豆属 *Sphaerophysa* DC.

苦马豆（羊尿泡）*Sphaerophysa salsula* (Pall.) DC.

槐属 *Sophora* Linn.

苦豆子 *Sophora alopecuroides* Linn.

苦参 *Sophora flavescens* Ait.

槐（国槐）*Sophora japonica* Linn.

白刺花（狼牙刺）*Sophora davidii* (Franch.) Skeels

野决明属 *Thermopsis* R. Br.

披针叶黄花 *Thermopsis lanceolata* R. Br.

野豌豆属 *Vicia* Linn.

山野豌豆 *Vicia amoena* Fisch.

大花野豌豆（三齿野豌豆）*Vicia bungei* Ohwi

广布野豌豆 *Vicia cracca* Linn.

大叶野豌豆 *Vicia pseudo-orobus* Fisch. et Mey.

野豌豆 *Vicia sepium* Linn.

大野豌豆 *Vicia sinogigantea* B. J. Bao et Turland

歪头菜 *Vicia unijuga* A. Br.

紫藤属 *Wisteria* Nutt.

紫藤 *Wisteria sinensis* (Sims) Sweet.

35. 酢酱草科 Oxalidaceae

酢浆草属 *Oxalis* Linn.

酢浆草 *Oxalis corniculata* Linn.

36. 牻牛儿苗科 Geraniaceae

牻牛儿苗属 *Erodium* L'Her. ex Aiton

牻牛儿苗（太阳花）*Erodium stephanianum* Willd.

老鹳草属 *Geranium* Linn.

粗根老鹳草 *Geranium dahuricum* DC.

毛蕊老鹳草 *Geranium platyanthum* Duth.

湖北老鹳草 * *Geranium rosthornii* R. Knuth

鼠掌老鹳草 *Geranium sibiricum* Linn.

老鹳草 *Geranium wilfordii* Maxim.

37. 亚麻科 Linaceae

亚麻属 *Linum* Linn.

宿根亚麻 *Linum perenne* Linn.

野亚麻 *Linum stelleroides* Planch.

38. 蒺藜科 Zygophyllaceae

蒺藜属 *Tribulus* Linn.

蒺藜 *Tribulus terrestris* Linn.

39. 芸香科 Rutaceae

黄檗属 *Phellodendron* Rupr.

黄檗 *Phellodendron amurense* Rupr.

吴茱萸属 *Tetradium* Lour.

臭檀吴萸（臭檀）*Tetradium daniellii* (Benn.) Hartl.

花椒属 *Zanthoxylum* Linn.

花椒 *Zanthoxylum bungeanum* Maxim.

40. 苦木科 Simaroubaceae

臭椿属 *Ailanthus* Desf.

臭椿 *Ailanthus altissima* (Mill.) Swingle

苦木属 Picrasma Bl.

苦树（苦木）*Picrasma quassioides* (D. Don) Benn.

41. 楝科 Meliaceae

香椿属 *Toona* Roem.

香椿 *Toona sinensis* (A. Juss.) Roem.

42. 远志科 Polygalaceae

远志属 *Polygala* Linn.

西伯利亚远志 *Polygala sibirica* Linn.

远志 *Polygala tenuifolia* Willd.

43. 大戟科 Euphorbiaceae

铁苋菜属 *Acalypha* Linn.

铁苋菜 *Acalypha australis* Linn.

苞裂铁苋菜 *Acalypha supera* Forsskal

大戟属 *Euphorbia* Linn.

乳浆大戟 *Euphorbia esula* Linn.

泽漆 *Euphorbia helioscopia* Linn.

地锦（地锦草）*Euphorbia humifusa* Willd.

大戟 *Euphorbia pekinensis* Rupr.

白饭树属 *Flueggea* Willd.

一叶萩（叶底珠）*Flueggea suffruticosa* (Pall.) Baill.

雀舌木属 *Leptopus* Decne.

雀儿舌头（黑构叶）*Leptopus* chinensis (Bge.) Pojark.

地构叶属 *Speranskia* Baill.

地构叶 *Speranskia tuberculata* (Bge.) Baill.

44. 漆树科 Anacardiaceae

黄栌属 *Cotinus* Mill.

毛黄栌 *Cotinus coggygria* var. *pubescens* Engl.

黄连木属 *Pistacia* Linn.

黄连木 *Pistacia chinensis* Bge.

盐肤木属 *Rhus* Linn.

青肤杨 *Rhus potaninii* Maxim.

漆树属 *Toxicodendron* (Tourn.) Mill.

漆树 *Toxicodendron vernicifluum* (Stokes) F. A. Barkley

45. 卫矛科 Celastraceae

南蛇藤属 *Celastrus* Linn.

苦皮藤 *Celastrus angulatus* Maxim.

南蛇藤 *Celastrus orbiculatus* Thunb.

短梗南蛇藤 *Celastrus rosthornianus* Loes.

卫矛属 *Euonymus* Linn.

卫矛 *Euonymus alatus* (Thunb.) Sieb.

西南卫矛 * *Euonymus hamiltonianus* Wall.

白杜（丝棉木、华北卫矛）*Euonymus maackii* Rupr.

栓翅卫矛 *Euonymus phellomanus* Loes.

46. 省沽油科 Staphyleaceae

省沽油属 *Staphylea* Linn.

膀胱果 *Staphylea holocarpa* Hemsl.

47. 槭树科 Aceraceae

槭属 *Acer* Linn.

青榨槭 *Acer davidii* Franch.

五角枫 *Acer pictum* subsp. *mono* (Maxim.) H. Ohashi

细裂槭 *Acer pilosum* var. *stenolobum* (Rehd.) W. P. Fang.

茶条槭 *Acer tataricum* subsp. *ginnala* (Maxim.) Wesm.

元宝枫 *Acer truncatum* Bge.

48. 无患子科 Sapindaceae

栾树属 *Koelreuteria* Laxm.

栾树 *Koelreuteria paniculata* Laxm.

文冠果属 *Xanthoceras* Bge.

文冠果 *Xanthoceras sorbifolium* Bge.

49. 清风藤科 Sabiaceae

泡花树属 *Meliosma* Bl.

泡花树 *Meliosma cuneifolia* Franch.

50. 凤仙花科 Balsaminaceae

凤仙花属 *Impatiens* Linn.

水金凤 *Impatiens noli-tangere* Linn.

51. 鼠李科 Rhamnaceae

枳椇属 *Hovenia* Thunb.

北枳椇（拐枣）*Hovenia dulcis* Thunb.

鼠李属 *Rhamnus* Linn.

锐齿鼠李 *Rhamnus arguta* Maxim.

柳叶鼠李（黑疙瘩）*Rhamnus erythroxylum* Pall.

圆叶鼠李 * *Rhamnus globosa* Bge.

黑桦树 *Rhamnus maximovicziana* J. J. Vass.

小叶鼠李 *Rhamnus parvifolia* Bge.

冻绿（鼠李）*Rhamnus utilis* Decne.

毛冻绿 * *Rhamnus utilis* var. *hypochrysa* (C. K. Schneid.) Rehder

雀梅藤属 *Sageretia* Brongn.

少脉雀梅藤（对节木）*Sageretia paucicostata* Maxim.

枣属 *Zizyphus* Mill.

酸枣 *Zizyphus jujuba* var. *spinosa* (Bge.) Hu ex H. F. Chow

52. 葡萄科 Vitaceae

蛇葡萄属 *Ampelopsis* Michx.

乌头叶蛇葡萄 *Ampelopsis aconitifolia* Bge.

掌裂蛇葡萄 *Ampelopsis delavayana* var. glabra (Diels et Gilg) C. L. Li

蓝果蛇葡萄（蛇葡萄）*Ampelopsis bodinieri* (Levl. et Vant.) Rehd.

葎叶蛇葡萄 *Ampelopsis humulifolia* Bge.

葡萄属 *Vitis* Linn.

变叶葡萄（复叶葡萄）*Vitis piasezkii* Maxim.

毛葡萄 *Vitis heyneana* Roem. et Schult.

53. 椴树科 Tiliaceae

扁担杆属 *Grewia* Linn.

小花扁担杆 *Grewia biloba* var. *parviflora* (Bge.) Hand.-Mzt.

椴树属 *Tilia* Linn.

少脉椴 *Tilia paucicostata* Maxim.

54. 锦葵科 Malvaceae

苘麻属 *Abutilon* Mill.

苘麻 *Abutilon theophrasti* Med.

木槿属 *Hibiscus* Linn.

光籽木槿 *Hibiscus leviseminus* M. G. Gilbert, Y. Tang et Dorr

野西瓜苗 *Hibiscus trionum* Linn.

锦葵属 *Malva* Linn.

圆叶锦葵（野锦葵）*Malva pusilla* Smith

野葵 *Malva verticillata* Linn.

55. 猕猴桃科 Actinidiaceae

猕猴桃属 *Actinidia* Lindl.

软枣猕猴桃 *Actinidia arguta* (Sieb. et Zucc.) Planch. ex Miq.

56. 藤黄科 Clusiaceae

金丝桃属 *Hypericum* Linn.

黄海棠 *Hypericum ascyron* Linn.

赶山鞭（小金丝桃）*Hypericum attenuatum* C. E. C. Fisch. ex Choisy

57. 堇菜科 Violaceae

堇菜属 *Viola* Linn.

鸡腿堇菜 *Viola acuminata* Ledeb.

球果堇菜（毛果堇菜）*Viola collina* Bass.

裂叶堇菜 *Viola dissecta* Ledeb.

西山堇菜 * *Viola hancockii* W. Becker

茜堇菜（白果堇菜）*Viola phalacrocarpa* Maxim.

紫花地丁 *Viola philippica* Cav.

早开堇菜 *Viola prionantha* Bge.

斑叶堇菜 *Viola variegata* Fisch. ex Link

58. 瑞香科 Thymelaeaceae

草瑞香属 *Diarthron* Turcz.

草瑞香 *Diarthron linifolium* Turcz.

荛花属 *Wikstroemia* Endl.

河朔荛花（羊厌厌）*Wikstroemia chamaedaphne* (Bge.) Meisn.

59. 胡颓子科 Elaeagnaceae

胡颓子属 *Elaeagnus* Linn.

牛奶子 *Elaeagnus umbellata* Thunb.

沙棘属 *Hippophae* Linn.

中国沙棘 *Hippophae rhamnoides* subsp. *sinensis* Rousi

60. 小二仙草科 Haloragaceae

狐尾藻属 *Myriophyllum* Linn.

狐尾藻 *Myriophyllum verticillatum* Linn.

61. 千屈菜科 Lythraceae

千屈菜属 *Lythrum* Linn.

千屈菜 *Lythrum salicaria* Linn.

62. 八角枫科 Alangiaceae

八角枫属 *Alangium* Lam.

八角枫 *Alangium chinense* (Lour.) Harms

63. 柳叶菜科 Onagraceae

柳兰属 *Chamerion* (Raf.) Raf. ex Holub

柳兰 *Chamerion angustifolium* (Linn.) Holub

柳叶菜属 *Epilobium* Linn.

柳叶菜 *Epilobium hirsutum* Linn.

沼生柳叶菜 *Epilobium palustre* Linn.

毛脉柳叶菜 *Epilobium amurense* Hausskn.

露珠草属 *Circaea* Linn.

高山露珠草 *Circaea alpina* Linn.

露珠草 *Circaea cordata* Royle

谷蓼 * *Circaea erubescens* Franch. et Sav.

64. 五加科 Araliaceae

五加属 *Eleutherococcus* Maxim.

短柄五加 *Eleutherococcus brachypus* (Harms) Nakai

红毛五加 *Eleutherococcus giraldii* (Harms) Nakai

倒卵叶五加 *Acanthopanax obovatus* Hoo

楤木属 *Aralia* Linn.

楤木 *Aralia chinensis* Linn.

刺楸属 *Kalopanax* Miq.

刺楸 *Kalopanax septemlobus* (Thunb.) Koidz.

65. 伞形科 Apiaceae

当归属 *Angelica* Linn.

白芷 *Angelica dahurica* (Fisch. ex Hoffm.) Benth. et Hook. f. ex Franch. et Sav.

秦岭当归 *Angelica tsinlingensis* K. T. Fu

柴胡属 *Bupleurum* Linn.

北柴胡（竹叶柴胡）*Bupleurum chinense* DC.

红柴胡（狭叶柴胡）*Bupleurum scorzonerifolium* Willd.

银州柴胡 *Bupleurum yinchowense* R. H. Shan et Y. Li

葛缕子属 *Carum* Linn.

葛缕子 *Carum carvi* Linn.

蛇床属 *Cnidium* Cuss.

蛇床（山胡萝卜）*Cnidium monnieri* (Linn.) Cuss.

鸭儿芹属 *Cryptotaenia* DC.

鸭儿芹（鸭脚板）*Cryptotaenia japonica* Hasskarl

胡萝卜属 *Daucus* Linn.

野胡萝卜 *Daucus carota* Linn.

岩风属 ** *Libanotis* Hall. ex Zinn

条叶岩风 * *Libanotis lancifolia* K. T. Fu

藁本属 ** *Ligusticum* Linn.

藁本 * *Ligusticum sinense* Oliv.

尖叶藁本 * *Ligusticum acuminatum* Franch.

水芹属 *Oenanthe* Linn.

水芹（野芹菜）*Oenanthe javanica* (Bl.) DC.

山芹属 *Ostericum* Hoffm.

大齿山芹（大齿当归）*Ostericum grosseserratum* (Maxim.) Kitag.

山芹 * *Ostericum sieboldii* (Miq.) Nakai

前胡属 *Peucedanum* Linn.

华北前胡 *Peucedanum harry-smithii* Fedde ex Wolff

茴芹属 ** *Pimpinella* Linn.

直立茴芹 * *Pimpinella smithii* H. Wolff

变豆菜属 *Sanicula* Linn.

变豆菜 *Sanicula chinensis* Bge.

防风属 *Saposhnikovia* Schischk.

防风 *Saposhnikovia divaricata* (Turcz.) Schischk.

迷果芹属 *Sphallerocarpus* Bess.

迷果芹（小叶山胡萝卜）*Sphallerocarpus gracilis* (Bess. ex Trev.) Koso-Poljansky

窃衣属 *Torilis* Adans.

小窃衣（破子草）*Torilis japonica* (Houtt.) DC.

66. 山茱萸科 Cornaceae

山茱萸属 *Cornus* Linn.

红瑞木 *Cornus alba* Linn.

沙梾 *Cornus bretschneideri* L. Henry

红椋子 *Cornus hemsleyi* C. K. Schneid. et Wanger.

四照花 *Cornus kousa* subsp. *chinensis* (Osborn) Q. Y. Xiang

毛梾 *Cornus walteri* Wanger.

67. 鹿蹄草科 Pyrolaceae

喜冬草属 *Chimaphila* Pursh

喜冬草 *Chimaphila japonica* Miq.

水晶兰属 *Monotropa* Linn.

松下兰 *Monotropa hypopitys* Linn.

68. 报春花科 Primulaceae

点地梅属 *Androsace* Linn.

点地梅 *Androsace umbellata* (Lour.) Merr.

珍珠菜属 *Lysimachia* Linn.

虎尾草（狼尾花）*Lysimachia barystachys* Bge.

狭叶珍珠菜 *Lysimachia pentapetala* Bge.

报春花属 *Primula* Linn.

胭脂花 *Primula maximowiczii* Regel

69. 白花丹科 Plumbaginaceae

补血草属 *Limonium* Mill.

二色补血草 *Limonium bicolor* (Bge.) Kuntze

70. 柿树科 Ebenaceae

柿树属 *Diospyros* Linn.

君迁子 *Diospyros lotus* Linn.

71. 安息香科 Styracaceae

安息香属 *Styrax* Linn.

老鸹铃 *Styrax hemsleyanus* Diels

72. 木樨科 Oleaceae

连翘属 *Forsythia* Vahl.

连翘 *Forsythia suspensa* (Thunb.) Vahl.

白蜡树属 *Fraxinus* Linn.

宿柱梣 *Fraxinus stylosa* Lingelsh.

白蜡树 *Fraxinus chinensis* Roxburgh

花曲柳（大叶白蜡树）*Fraxinus chinensis* subsp. *rhynchophylla* (Hance) E. Murray

迎春花属 *Jasminum* Linn.

迎春花 *Jasminum nudiflorum* Lindl.

丁香属 *Syringa* Linn.

紫丁香（华北紫丁香）*Syringa oblata* Lindl.

北京丁香 *Syringa reticulata* subsp. *pekinensis* (Rupr.) P. S. Green et M. C. Chang

暴马丁香 * *Syringa reticulata* subsp. *amurensis* (Rupr.) P. S. Green et M C. Chang

巧玲花（毛丁香）*Syringa pubescens* Turcz.

小叶巧玲花（小叶丁香）*Syringa pubescens* subsp. *microphylla* (Diels) M. C. Chang et X. L. Chen

流苏树属 *Chionanthus* Linn.

流苏树 *Chionanthus retusus* Lindl. et Paxt.

73. 马钱科 Loganiaceae

醉鱼草属 *Buddleja* Linn.

互叶醉鱼草 *Buddleja alternifolia* Maxim.

74. 龙胆科 Gentianaceae

百金花属 *Centaurium* Hill.

百金花 *Centaurium pulchellum* var. *altaicum* (Griseb.) Kitag. et Hara.

龙胆属 *Gentiana* Linn.

达乌里秦艽 *Gentiana dahurica* Fisch.

秦艽 *Gentiana macrophylla* Pall.

鳞叶龙胆 *Gentiana squarrosa* Ledeb.

扁蕾属 *Gentianopsis* Ma

扁蕾 *Gentianopsis barbata* (Froel.) Ma

湿生扁蕾 *Gentianopsis paludosa* (Munro ex Hook. f.) Ma

花锚属 *Halenia* Borckh.

椭圆叶花锚 *Halenia elliptica* D. Don

翼萼蔓属 *Pterygocalyx* Maxim.

翼萼蔓 *Pterygocalyx volubilis* Maxim.

獐牙菜属 *Swertia* Linn.

獐牙菜 *Swertia bimaculata* (Sieb. et Zucc.) Hook. f. et Thoms.

北方獐牙菜 *Swertia diluta* (Turcz.) Benth. et Hook. f.

歧伞獐牙菜 * *Swertia dichotoma* Linn.

75. 睡菜科 Menyanthaceae

荇菜属 *Nymphoides* Seg.

荇菜 *Nymphoides peltata* (S. G. Gmelin) Ktze.

76. 夹竹桃科 Apocynaceae

罗布麻属 *Apocynum* Linn.

罗布麻 *Apocynum venetum* Linn.

77. 萝藦科 Asclepiadaceae

鹅绒藤属 *Cynanchum* Linn.

牛皮消 *Cynanchum auriculatum* Royle ex Wight

白首乌 *Cynanchum bungei* Decne.

鹅绒藤 *Cynanchum chinense* R. Br.

华北白前（牛心朴子、老瓜头） *Cynanchum mongolicum* (Maxim.) Hemsl.

地梢瓜 *Cynanchum thesioides* (Freyn) K. Schum.

隔山消 *Cynanchum wilfordii* (Maxim.) Hemsl.

萝藦属 *Metaplexis* R. Br.

萝藦 *Metaplexis japonica* (Thunb.) Makino

杠柳属 *Periploca* Linn.

杠柳 *Periploca sepium* Bge.

78. 旋花科 Convolvulaceae

打碗花属 *Calystegia* R.Br.

打碗花 *Calystegia hederacea* Wall. ex Roxb.

藤长苗 *Calystegia pellita* (Ledeb.) G. Don.

旋花属 *Convolvulus* Linn.

田旋花 *Convolvulus arvensis* Linn.

鱼黄草属 *Merremia* Dennst. ex. Endl.

北鱼黄草（西伯利亚鱼黄草）*Merremia sibirica* (Linn.) H. Hall

菟丝子属 *Cuscuta* Linn.

菟丝子 *Cuscuta chinensis* Lam.

金灯藤（日本菟丝子） *Cuscuta japonica* Choisy

79. 紫草科 Boraginaceae

斑种草属 *Bothriospermum* Bge.

斑种草 *Bothriospermum chinense* Bge.

狭苞斑种草 *Bothriospermum kusnezowii* Bge.

鹤虱属 *Lappula* V. Wolf.

鹤虱 *Lappula myosotis* V. Wolf.

紫草属 *Lithospermum* Linn.

田紫草（麦家公）*Lithospermum arvense* Linn.

紫草 *Lithospermum erythrorhizon* Sieb. et Zucc.

牛舌草属 *Anchusa* Linn.

狼紫草 *Anchusa ovata* Lehm.

聚合草属 *Symphytum* Linn.

聚合草 *Symphytum officinale* Linn.（逸生）

附地菜属 *Trigonotis* Stev.

附地菜 *Trigonotis peduncularis* (Trev.) Benth. ex S. Moore et Bake

80. 马鞭草科 Verbenaceae

莸属 *Caryopteris* Bge.

光果莸 *Caryopteris tangutica* Maxim.

三花莸 *Caryopteris terniflora* Maxim.

大青属 *Clerodendrum* Linn.

海州常山 *Clerodendrum trichotomum* Thunb.

马鞭草属 *Verbena* Linn.

马鞭草 *Verbena officinalis* Linn.

牡荆属 *Vitex* Linn.

荆条 *Vitex negundo* var. *heterophylla* (Franch.) Rehd.

81. 唇形科 Lamiaceae

藿香属 *Agastache* Clay. ex Gron.

藿香 *Agastache rugosa* (Fisch. et Mey.) Ktze.

筋骨草属 *Ajuga* Linn.

筋骨草 *Ajuga ciliata* Bge.

线叶筋骨草 *Ajuga linearifolia* Pamp.

水棘针属 *Amethystea* Linn.

水棘针 *Amethystea caerulea* Linn.

风轮菜属 *Clinopodium* Linn.

麻叶风轮菜（风车草）*Clinopodium urticifolium* (Hance) C. Y. Wu et Hsuan et H. W. Li

匍匐风轮菜 *Clinopodium repens* (Buch.-Ham. ex D. Don) Wall ex Benth

细风轮菜 *Clinopodium gracile* (Benth.) Matsum.

青兰属 *Dracocephalum* Linn.

香青兰 *Dracocephalum moldavica* Linn.

香薷属 *Elsholtzia* Willd.

香薷 *Elsholtzia ciliata* (Thunb.) Hyland

木香薷 *Elsholtzia stauntoni* Benth.

活血丹属 *Glechoma* Linn.

活血丹（连钱草）*Glechoma longituba* (Nakai) Kupr.

香茶菜属 *Isodon* (Schr. ex Benth.) Spach

溪黄草 *Isodon serra* (Maxim.) Kudo

显脉香茶菜 *Isodon nervosus* (Hemsley) Kudo

拟缺香茶菜 *Isodon excisoides* (Sun ex C. H. Hu) H. Hara

夏至草属 *Lagopsis* (Bge. ex Benth.) Bge.

夏至草 *Lagopsis supina* (Steph.) IK.-Gal. ex Knorr.

野芝麻属 *Lamium* Linn.

野芝麻 *Lamium barbatum* Sieb. et Zucc.

益母草属 *Leonurus* Linn.

益母草 *Leonurus japonicus* Houtt.

錾菜 *Leonurus pseudomacranthus* Kitagawa

地笋属 *Lycopus* Turcz.

地笋 *Lycopus lucidus* Turcz. ex Benth.

薄荷属 *Mentha* Linn.

薄荷 *Mentha haplocalyx* Briq.

荆芥属 *Nepeta* Linn.

荆芥 *Nepeta cataria* Linn.

裂叶荆芥 *Nepeta tenuifolia* Benth.

糙苏属 *Phlomis* Linn.

糙苏 *Phlomis umbrosa* Turcz.

夏枯草属 *Prunella* Linn.

夏枯草 *Prunella vulgaris* Linn.

鼠尾草属 *Salvia* Linn.

丹参 *Salvia miltiorrhiza* Bge.

荔枝草 *Salvia plebeia* R. Br.

荫生鼠尾草 *Salvia umbratica* Hance

黄芩属 *Scutellaria* Linn.

黄芩 *Scutellaria baicalensis* Georgi

半枝莲 *Scutellaria barbata* D. Don

水苏属 *Stachys* Linn.

华水苏（水苏）*Stachys chinensis* Bge. ex Benth.

甘露子（地蚕）*Stachys sieboldii* Miq.

82. 茄科 Solanaceae

曼陀罗属 *Datura* Linn.

曼陀罗 *Datura stramonium* Linn.

毛曼陀罗 *Datura inoxia* Mill.（逸生）

天仙子属 *Hyoscyamus* Linn.

天仙子 *Hyoscyamus niger* Linn.

枸杞属 *Lycium* Linn.

枸杞 *Lycium chinense* Mill.

截萼枸杞 *Lycium truncatum* Y. C. Wang

酸浆属 *Physalis* Linn.

挂金灯 *Physalis alkekengi* var. *franchetii* (Mast.) Makino

茄属 *Solanum* Linn.

白英 *Solanum lyratum* Thunb.

龙葵 *Solanum nigrum* Linn.

青杞 *Solanum septemlobum* Bge.

野海茄 *Solanum japonense* Nakai

83. 玄参科 Scrophulariaceae

小米草属 *Euphrasia* Linn.

小米草 *Euphrasia pectinata* Ten.

柳穿鱼属 *Linaria* Mill.

柳穿鱼 *Linaria vulgaris* subsp. *chinensis* (Bge. ex Debeaux) D. Y. Hong

通泉草属 *Mazus* Lour.

通泉草 *Mazus pumilus* (N. L. Burman) Steenis

山罗花属 *Melampyrum* Linn.

山罗花 *Melampyrum roseum* Maxim.

沟酸浆属 *Mimulus* Linn.

沟酸浆 *Mimulus tenellus* Bge.

疗齿草属 *Odontites* Ludw.

疗齿草 *Odontites vulgaris* Moench

马先蒿属 *Pedicularis* Linn.

埃氏马先蒿 * *Pedicularis artselaeri* Maxim.

藓生马先蒿 *Pedicularis muscicola* Maxim.

返顾马先蒿 *Pedicularis resupinata* Linn.

穗花马先蒿 *Pedicularis spicata* Pall.

红纹马先蒿 *Pedicularis striata* Pall.

松蒿属 *Phtheirospermum* Bge. ex Fisch. et Mey.

松蒿 *Phtheirospermum japonicum* (Thunb.) kanitz.

穗花属 *Pseudolysimachion* (W. D. J. Koch) Opiz

水蔓菁 *Pseudolysimachion linariifolium* subsp. *dilatatum* (Nakai et Kitag.) D. Y. Hong

地黄属 *Rehmannia Libosch*. ex Fisch. et Mey.

地黄 *Rehmannia glutinosa* (Gaertn.) Libosch. ex Fisch. et Mey.

阴行草属 *Siphonostegia* Benth.

阴行草 *Siphonostegia chinensis* Benth.

婆婆纳属 *Veronica* Linn.

北水苦荬 *Veronica anagallis-aquatica* Linn.

阿拉伯婆婆纳 *Veronica persica* Poir.（归化）

婆婆纳 *Veronica polita* Fries

水苦荬 *Veronica undulata* Wall. ex Jack

腹水草属 *Veronicastrum* Heister ex Fabricius

草本威灵仙 *Veronicastrum sibiricum* (Linn.) Pennell

玄参属 *Scrophularia* Linn.

玄参 *Scrophularia ningpoensis* Hemsl.

84. 紫葳科 Bignoniaceae

梓属 *Catalpa* Scop.

灰楸 *Catalpa fargesii* Bur.

梓 * *Catalpa ovata* G. Don

角蒿属 *Incarvillea* Juss.

角蒿 *Incarvillea sinensis* Lam.

85. 苦苣苔科 Gesneriaceae

旋蒴苣苔属 *Boea Comm*. ex Lam.

旋蒴苣苔（猫耳朵、牛耳草）*Boea hygrometrica* (Bge.) R. Br.

86. 列当科 Orobanchaceae

列当属 *Orobanche* Linn.

列当 *Orobanche coerulescens* Stepf.

黄花列当 *Orobanche pycnostachya* Hance

87. 透骨草科 *** Phrymaceae

透骨草属 ** *Phryma* Linn.

透骨草 * *Phryma leptostachya* subsp. *asiatica* (H. Hara) Kitam.

88. 车前科 Plantaginaceae

车前属 *Plantago* Linn.

车前 *Plantago asiatica* Linn.

平车前 *Plantago depressa* Willd.

长叶车前 *Plantago lanceolata* Linn.（逸生）

大车前 *Plantago major* Linn.

89. 茜草科 Rubiaceae

拉拉藤属 *Galium* Linn.

四叶葎 *Galium bungei* Steud.

喀喇套拉拉藤 *（中亚车轴草）*Galium karataviense* (Pavlov) Pobed.

六叶葎 * *Galium hoffmeisteri* (Klotzsch) Ehrend. et Schonb.-Tem. ex R. R. Mill

猪殃殃 *Galium spurium* Linn.

蓬子菜 *Galium verum* Linn.

野丁香属 *Leptodermis* Wall.

薄皮木 *Leptodermis oblonga* Bge.

茜草属 *Rubia* Linn.

茜草 *Rubia cordifolia* Linn.

金钱草（膜叶茜草）*Rubia membranacea* Diels

卵叶茜草 *Rubia ovatifolia* Z. Ying Zhang ex Q. Lin

林生茜草 *Rubia sylvatica* (Maxim.) Nakai

90. 忍冬科 Caprifoliaceae

忍冬属 *Lonicera* Linn.

金花忍冬 *Lonicera chrysantha* Turcz. ex Ledeb.

北京忍冬 * *Lonicera elisae* Franch.

葱皮忍冬 *Lonicera ferdinandii* Franch.

郁香忍冬 *Lonicera fragrantissima* Lindley et Paxton

忍冬 *Lonicera japonica* Thunb.

金银忍冬 *Lonicera maackii* (Rupr.) Maxim.

唐古特忍冬 *Lonicera tangutica* Maxim.

盘叶忍冬 *Lonicera tragophylla* Hemsl.

接骨木属 *Sambucus* Linn.

接骨木 *Sambucus williamsii* Hance

接骨草 *Sambucus javanica* Bl.

荚蒾属 *Viburnum* Linn.

桦叶荚蒾 *Viburnum betulifolium* Batal.

蒙古荚蒾 *Viburnum mongolicum* (Pall.) Rehd.

陕西荚蒾 *Viburnum schensianum* Maxim.

鸡树条（天目琼花）*Viburnum opulus* subsp. *calvescens* (Rehd.) Sug.

六道木属 *Zabelia* (Rehd.) Makino

六道木 *Zabelia biflora* (Turcz.) Makino

91. 五福花科 Adoxaceae

五福花属 ** *Adoxa* Linn.

五福花 * *Adoxa moschatellina* Linn.

92. 败酱科 Valerianaceae

败酱属 *Patrinia* Juss.

墓回头（异叶败酱）*Patrinia heterophylla* Bge.

败酱 * *Patrinia scabiosifolia* Fisch. ex Trevir.

糙叶败酱 *Patrinia scabra* Bge.

缬草属 *Valeriana* Linn.

缬草 *Valeriana officinalis* Linn.

93. 川续断科 Dipsacaceae

川续断属 *Dipsacus* Linn.

日本续断 *Dipsacus japonicus* Miq.

蓝盆花属 *Scabiosa* Linn.

窄叶蓝盆花 *Scabiosa comosa* Fisch. ex Roem. et Schult.

94. 葫芦科 Cucurbitaceae

赤瓟属 *Thladiantha* Bge.

赤瓟 *Thladiantha dubia* Bge.

95. 桔梗科 Campanulaceae

沙参属 *Adenophora* Fisch.

石沙参 *Adenophora polyantha* Thunb.

泡沙参（灯笼花）*Adenophora potaninii* Korsh.

长柱沙参 *Adenophora stenanthina* (Ledeb.) Kitag.

风铃草属 *Campanula* Linn.

紫斑风铃草 *Campanula punctata* Lam.

党参属 Codonopsis Wall.

党参 *Codonopsis pilosula* (Franch.) Nannf.

桔梗属 *Platycodon* A. DC.

桔梗（铃铛花）*Platycodon grandiflorus* (Jacq.) A. DC.

96. 菊科 Asteraceae

蓍属 *Achillea* Linn.

多叶蓍 Ach*illea millefolium* Linn.

云南蓍 *Achillea wilsoniana* (Heim. ex Hand.-Mazz.) Heim.

和尚菜属 ** *Adenocaulon* Hook.

和尚菜 * *Adenocaulon himalaicum* Edgew.

香青属 *Anaphalis* DC.

黄腺香青 *Anaphalis aureopunctata* Lingelsh. et Borza

线叶珠光香青 *Anaphalis margaritacea* var. *angustifolia* (Franch. et Sav.) Hayata

疏生香青 *Anaphalis sinica* var. *alata* (Maxim.) S. X. Zhu et R. J. Bay.

牛蒡属 *Arctium* Linn.

牛蒡 *Arctium lappa* Linn.
蒿属 *Artemisia* Linn.
莳萝蒿 *Artemisia anethoides* Mattf.
碱蒿 *Artemisia anethifolia* Web.
黄花蒿 *Artemisia annua* Linn.
青蒿 *Artemisia apiacea* Hance
艾（艾蒿）*Artemisia argyi* Levl. et Vant.
茵陈蒿 *Artemisia capillaris* Thunb.
龙蒿（狭叶青蒿）*Artemisia dracunculus* Linn.
无毛牛尾蒿（牛尾蒿）*Artemisia dubia* var. *subdigitata* (Mattf.) Y. R. Ling
南牡蒿 *Artemisia eriopoda* Bge.
华北米蒿（茭蒿）*Artemisia giraldii* Pamp.
细裂叶莲蒿（铁杆蒿、万年蒿）*Artemisia gmelinii* Web.
牡蒿 *Artemisia japonica* Thunb.
野艾蒿 *Artemisia lavandulifolia* DC.
白叶蒿 *Artemisia leucophylla* C. B. Clark.
蒙古蒿 *Artemisia mongolica* (Fisch. ex Bess.) Nakai
魁蒿 *Artemisia princeps* Pamp.
红足蒿 *Artemisia rubripes* Nakai
猪毛蒿 *Artemisia scoparia* Waldst. et Kit.
蒌蒿 * *Artemisia selengensis* Turcz. ex Bess.
大籽蒿 *Artemisia sieversiana* Ehrhart ex Willd.
阴地蒿 *Artemisia sylvatica* Maxim.
毛莲蒿（万年蓬）*Artemisia vestita* Wall. ex Bess.
北艾 *Artemisia vulgaris* Linn.
柔毛蒿 *Artemisia pubescens* Ledeb.
紫菀属 *Aster* Linn.
阿尔泰狗娃花 *Aster altaicus* Willd.
千叶狗娃花 *Aster altaicus* var. *millefolius* (Vant.) Hand.-Mazz.
狗娃花 *Aster hispidus* Thunb.
马兰 *Aster indicus* Linn.
山马兰 * *Aster lautureanus* (Debeaux) Franch.
蒙古马兰 *Aster mongolicus* Franch.
裸菀 *Aster piccolii* J. D. Hooker
三脉紫菀 *Aster trinervius* subsp. *ageratoides* (Turcz.) Griers.
紫菀 *Aster tataricus* Linn. f.
苍术属 *Atractylodes* DC.
苍术 *Atractylodes lancea* (Thunb.) DC.
鬼针草属 *Bidens* Linn.
婆婆针 *Bidens bipinnata* Linn.
小花鬼针草 *Bidens parviflora* Willd.
狼杷草 *Bidens tripartita* Linn.
飞廉属 *Carduus* Linn.
丝毛飞廉（飞廉）*Carduus crispus* Linn.
天名精属 *Carpesium* Linn.
大花金挖耳 *Carpesium macrocephalum* Franch. et Sav.
烟管头草 *Carpesium cernuum* Linn.
菊属 *Chrysanthemum* Linn.
小红菊 *Chrysanthemum chanetii* H. Level.
委陵菊 *Chrysanthemum potentilloides* Hand.-Mazz.
野菊 *Chrysanthemum indicum* Linn.
甘菊 *Chrysanthemum lavandulifolium* (Fisch. ex Trautv.) Makino
蓟属 *Cirsium* Mill.
魁蓟 *Cirsium leo* Nakai et Kitag.
烟管蓟 *Cirsium pendulum* Fisch. ex DC.
刺儿菜 *Cirsium arvense* var. *integrifolium* Wimm. et Grab.
牛口刺 *Cirsium shansiense* Petrak
野蓟 *Cirsium maackii* Maxim.
还阳参属 *Crepis* Linn.
北方还阳参 *Crepis crocea* (Lam.) Babcock
假还阳参属 *Crepidiastrum* Nakai
黄瓜假还阳参 *Crepidiastrum denticulatum* (Houtt.) Pak et Kaw.
尖裂假还阳参（抱茎苦荬菜）*Crepidiastrum sonchifolium* (Maxim.) Pak et Kaw.
鳢肠属 *Eclipta* Linn.

鳢肠 *Eclipta prostrata* (Linn.) Linn.
飞蓬属 *Erigeron* Linn.
飞蓬 *Erigeron acris* Linn.
一年蓬 *Erigeron annuus* (Linn.) Pers.（逸生）
小蓬草（小白酒草）*Erigeron canadensis* Linn.（逸生）
泽兰属 *Eupatorium* Linn.
佩兰 *Eupatorium fortunei* Turcz.
白头婆（泽兰）*Eupatorium japonicum* Thunb.
林泽兰 *Eupatorium lindleyanum* DC.
牛膝菊属 *Galinsoga Ruiz* et Pavon
牛膝菊 *Galinsoga parviflora* Cav.（逸生）
鼠麴草属 *Gnaphalium* Linn.
细叶鼠麴草 *Gnaphalium japonicum* Thunb.
向日葵属 *Helianthus* Linn.
毛叶向日葵 *Helianthus mollis* Lam.（逸生）
泥胡菜属 *Hemisteptia* Bge.
泥胡菜 *Hemisteptia lyrata* (Bge.) Fisch. et C. A. Mey.
旋覆花属 *Inula* Linn.
旋覆花 *Inula japonica* Thunb.
苦荬菜属 *Ixeris* Cass.
中华苦荬菜 *Ixeris chinensis* (Thunb.) Kitag.
多色苦荬 *Ixeris chinensis* subsp. *versicolor* (Fischer ex Link) Kita-mura
小苦荬属 *Ixeridium* (A. Gray) Tzvelev
细叶小苦荬 *Ixeridium gracile* (DC.) Shih
小苦荬 *Ixeridium dentatum* (Thunb.) Tzvel.
麻花头属 *Klasea* Cass.
麻花头 *Klasea centauroides* (Linn.) Cass. ex Kitag.
多花麻花头（多头麻花头）*Klasea centauroides* subsp. *polycephala* (Iljin) L. Mart.
碗苞麻花头 *Klasea centauroides* subsp. *chanetii* (Levl.) Mart.
莴苣属 *Lactuca* Linn.
翅果菊（山莴苣、多裂翅果菊）*Lactuca indica* Linn.
乳苣 *Lactuca tatarica* (Linn.) C. A. Mey.
毛脉翅果菊 *Lactuca raddeana* Maxim.
大丁草属 *Leibnitzia* Cass.
大丁草 *Leibnitzia anandria* (Linn.) Turcz.
火绒草属 *Leontopodium*(Pers.)R. Br.
火绒草 *Leontopodium leontopodioides* (Willd.) Beauv.
长叶火绒草 *Leontopodium junpeianum* Kitam.
小头薄雪火绒草 *Leontopodium japonicum* var. *microcephalum* Hand.-Mazz.
橐吾属 *Ligularia* Cass.
齿叶橐吾 *Ligularia dentata* (A. Gray) Hara
掌叶橐吾 *Ligularia przewalskii* (Maxim.) Diels
耳菊属 *Nabalus* Cass.
福王草（盘果菊）*Nabalus tatarinowii* (Maxim.) Nakai
多裂福王草（多裂耳菊、大叶盘果菊）*Nabalus tatarinowii* subsp. *macrantha* (Stebb.) N. Kilian
蟹甲草属 *Parasenecio* W. W. Smith et J. Small
山西蟹甲草 *Parasenecio dasythyrsus* (Hand.-Mazz.) Y. L. Chen
蛛毛蟹甲草 *Parasenecio roborowskii* (Maxim.) Y. L. Chen
两似蟹甲草 *Parasenecio ambiguus* (Y. Ling) Y. L. Chen
山尖子 *Parasenecio hastatus* (Linn.) H. Koy.
华蟹甲属 ** *Sinacalia* H. Rob. et Brettell
华蟹甲 *（羽裂蟹甲草）*Sinacalia tangutica* (Maxim.) B. Nord.
毛连菜属 *Picris* Linn.
日本毛连菜 *Picris japonica* Thunb.
漏芦属 *Rhaponticum* Vaill.
漏芦（祁州漏芦）*Rhaponticum uniflorum* (Linn.) DC.
风毛菊属 *Saussurea* Linn.
草地风毛菊 *Saussurea amara* (Linn.) DC.
风毛菊 *Saussurea japonica* (Thunb.) DC.
蒙古风毛菊 *Saussurea mongolica* (Franch.) Franch.
乌苏里风毛菊 *Saussurea ussuriensis* Maxim.

柳叶风毛菊 *Saussurea salicifolia* (Linn.) DC.

篦苞风毛菊 *Saussurea pectinata* (Bge.) DC.

美花风毛菊 *（球花风毛菊）*Saussurea pulchella* (Fisch.) Fisch.

鸦葱属 *Scorzonera* Linn.

华北鸦葱（笔管草）*Scorzonera albicaulis* Bge.

鸦葱 *Scorzonera austriaca* Willd.

千里光属 *Senecio* Linn.

额河千里光 *Senecio argunensis* Turcz.

北千里光 *Senecio dubitabilis* C. Jeffrey et Y. L. Chen

豨莶属 *Sigesbeckia* Linn.

腺梗豨莶 *Sigesbeckia pubescens* Makino

苦苣菜属 *Sonchus* Linn.

苣荬菜 *Sonchus wightianus* DC.

苦苣菜 *Sonchus oleraceus* Linn.

蒲公英属 *Taraxacum* Linn.

蒲公英 *Taraxacum mongolicum* Hand.-Mazz.

华蒲公英 *Taraxacum sinicum* Kitag.

狗舌草属 *Tephroseris* Reichenb.

狗舌草 *Tephroseris kirilowii* (Turcz. ex DC.) Holub.

红轮狗舌草 *Tephroseris flammea* (Turcz. ex DC.) Holub

女菀属 *Turczaninovia* DC.

女菀 *Turczaninovia fastigiata* (Fisch.) DC.

款冬属 *Tussilago* Linn.

款冬（款冬花）*Tussilago farfara* Linn.

苍耳属 *Xanthium* Linn.

苍耳 *Xanthium strumarium* Linn.

黄鹌菜属 ** *Youngia* Cass.

黄鹌菜 * *Youngia japonica* (L.) DC.

（二）单子叶植物 Monocotyledoneae

97. 香蒲科 Typhaceae

香蒲属 *Typha* Linn.

水烛 *Typha angustifolia* Linn.

宽叶香蒲 *Typha latifolia* Linn.

小香蒲 *Typha minima* Funck ex Hoppe

东方香蒲 *Typha orientalis* Presl.

黑三棱属 *Sparganium* Linn.

黑三棱 *Sparganium stoloniferum* (Buch.-Ham. ex Graebn.) Buch.-Ham. ex Juz.

98. 眼子菜科 Potamogetonaceae

眼子菜属 *Potamogeton* Linn.

菹草 *Potamogeton crispus* Linn.

穿叶眼子菜 *Potamogeton perfoliatus* Linn.

小眼子菜 *Potamogeton pusillus* Linn.

篦齿眼子菜属 *Stuckenia* Berner

篦齿眼子菜 *Stuckenia pectinata* (Linn.) Berner

99. 水麦冬科 Juncaginaceae

水麦冬属 *Triglochin* Linn.

水麦冬 *Triglochin palustris* Linn.

100. 泽泻科 Alismataceae

泽泻属 *Alisma* Linn.

东方泽泻 *Alisma orientale* (Samuel.) Juz.

101. 禾本科 Poaceae

芨芨草属 *Achnatherum* Beauv.

中华芨芨草 *Achnatherum chinense* (Hitchcock) Tzvel.

京芒草 *Achnatherum pekinense* (Hance) Ohwi

羽茅 *Achnatherum sibiricum* (Linn.) Keng ex Tzvel.

芨芨草 *Achnatherum splendens* (Trin.) Nevski.

冰草属 *Agropyron* J. Gaertn.

冰草 *Agropyron cristatum* (Linn.) Gaertn.

剪股颖属 *Agrostis* Linn.

巨序剪股颖 *Agrostis gigantea* Roth

西伯利亚剪股颖 *Agrostis stolonifera* Linn.

看麦娘属 *Alopecurus* Linn.

看麦娘 *Alopecurus aequalis* Sobol.

黄花茅属 *Anthoxanthum* Linn.

茅香 *Anthoxanthum nitens* (Web.) Y. Schout. et Veldk.

三芒草属 *Aristida* Linn.

三芒草 *Aristida adscensionis* Linn.

荩草属 *Arthraxon* Beauv.

荩草 *Arthraxon hispidus* (Thunb.) Makino
野古草属 *Arundinella* Radd.
毛秆野古草（野古草）*Arundinella hirta* (Thunb.) Tanaka
燕麦属 *Avena* Linn.
野燕麦 *Avena fatua* Linn.
菵草属 *Beckmannia* Host.
菵草 *Beckmannia syzigachne* (Steud.) Femald
孔颖草属 *Bothriochloa* Ktze.
白羊草 *Bothriochloa ischaemum* (Linn.) keng
短柄草属 *Brachypodium* Beauv.
短柄草 *Brachypodium sylvaticum* (Huds.) Beauv.
雀麦属 *Bromus* Linn.
无芒雀麦 *Bromus inermis* Leyss.
雀麦 *Bromus japonicus* Thunb.
拂子茅属 *Calamagrostis* Adans.
拂子茅 *Calamagrostis epigeios* (Linn.) Roth.
假苇拂子茅 *Calamagrostis pseudophragmites* (A. Haller) Koeler
虎尾草属 *Chloris* Swartz
虎尾草 *Chloris virgata* Swartz
隐子草属 *Cleistogenes* Keng.
朝阳隐子草（中华隐子草）*Cleistogenes hackelii* (Honda) Honda
北京隐子草 *Cleistogenes hancei* Keng
小尖隐子草 *Cleistogenes mucronata* Keng ex P. C. Keng et L. Liu
糙隐子草 *Cleistogenes squarrosa* (Trin.) Keng
隐花草属 *Crypsis* Ait.
隐花草 *Crypsis aculeata* (Linn.) Ait.
狗牙根属 *Cynodon* Rich.
狗牙根 *Cynodon dactylon* (Linn.) Pers.
野青茅属 *Deyeuxia* Clar. ex P. Beauv.
野青茅 *Deyeuxia pyramidalis* (Host) Veldk.
华高野青茅 *Deyeuxia sinelatior* Keng
马唐属 *Digitaria* Heist. ex Fabr.
纤毛马唐 *Digitaria ciliaris* (Retz.) Koel.
止血马唐 *Digitaria ischaemum* (Schreb.) Muhlenb.
稗属 *Echinochloa* Beauv.
稗 *Echinochloa crusgalli* (Linn.) Beauv.
无芒稗 *Echinochloa crusgalli* var. *mitis* (Pursh) Peterm.
穇属 *Eleusine* Gaertn.
牛筋草（蟋蟀草）*Eleusine indica* (Linn.) Gaertn.
披碱草属 *Elymus* Linn.
纤毛披碱草（纤毛鹅观草）*Elymus ciliaris* (Trin. ex Bge.) Tzvel.
披碱草 *Elymus dahuricus* Turcz. ex Griseb.
圆柱披碱草 *Elymus dahuricus* var. *cylindricus* Franch.
真穗披碱草 *Elymus gmelinii* (Ledeb.) Tzvel.
柯孟披碱草 *Elymus kamoji* (Ohwi) S. L. Chen
缘毛披碱草 *Elymus pendulinus* (Nevski) Tzvel.
老芒麦 *Elymus sibiricus* Linn.
中华披碱草 *Elymus sinicus* (Keng) S. L. Chen
画眉草属 *Eragrostis* Beauv.
大画眉草 *Eragrostis cilianensis* (All.) Vignolo-Lutati ex Janch.
知风草 *Eragrostis ferruginea* (Thunb.) P. Beauv.
小画眉草 *Eragrostis minor* Host
画眉草 *Eragrostis pilosa* (Linn.) Beauv.
野黍属 *Eriochloa* Kunth
野黍 *Eriochloa villosa* (Thunb.) Kunth
羊茅属 *Festuca* Linn.
远东羊茅 *Festuca extremiorientalis* Ohwi
甜茅属 *Glyceria* R. Br.
假鼠妇草 *Glyceria leptolepis* Ohwi
大麦属 ** *Hordeum* Linn.
芒颖大麦草 * *Hordeum jubatum* Linn.（逸生）
白茅属 *Imperata* Cirillo
白茅 *Imperata cylindrica* (Linn.) Raeusch.
柳叶箬属 *Isachne* R. Br.
柳叶箬 *Isachne globosa* (Thunb.) Ktze.

落草属 *Koeleria* Pers.

落草 *Koeleria macrantha* (Ledeb.) Schult.

赖草属 *Leymus* Hochst.

赖草 *Leymus secalinus* (Georgi) Tzvel.

羊草 *Leymus chinensis* (Trin. ex Bge.) Tzvel.

臭草属 *Melica* Linn.

广序臭草 *Melica onoei* Franch. et Sav.

细叶臭草 * *Melica radula* Franch.

臭草 *Melica scabrosa* Trin.

莠竹属 *Microstegium* Nees

柔枝莠竹 *Microstegium vimineum* (Trin.) A. Camus

粟草属 *Milium* Linn.

粟草 *Milium effusum* Linn.

芒属 *Miscanthus* Anderss.

荻 *Miscanthus sacchariflorus* (Maxim.) Hack.

芒 *Miscanthus sinensis* Anderss.

乱子草属 *Muhlenbergia* Schreb.

乱子草 *Muhlenbergia huegelii* Trin.

狼尾草属 *Pennisetum* Rich.

狼尾草 *Pennisetum alopecuroides* (Linn.) Spreng.

白草 *Pennisetum flaccidum* Griseb.

虉草属 *Phalaris* Linn.

虉草 *Phalaris arundinacea* Linn.

芦苇属 *Phragmites* Adans.

芦苇 *Phragmites australis* (Cav.) Trin. ex Steudel

早熟禾属 *Poa* Linn.

早熟禾 *Poa annua* Linn.

林地早熟禾 *Poa nemoralis* Linn.

硬质早熟禾 *Poa sphondylodes* Trin. ex Bge.

多叶早熟禾 *Poa sphondylodes* var. *erikssonii* Melderis

草地早熟禾 *Poa pratensis* Linn.

棒头草属 *Polypogon* Desf.

棒头草 *Polypogon fugax* Ness ex Steud.

狗尾草属 *Setaria* Beauv.

金色狗尾草 *Setaria pumila* (Poir.) Roem. et Schult.

狗尾草 *Setaria viridis* (Linn.) Beauv.

大油芒属 *Spodiopogon* Trin.

大油芒（大荻） *Spodiopogon sibiricus* Trin.

针茅属 *Stipa* Linn.

狼针茅 *Stipa baicalensis* Roshev.

长芒草 *Stipa bungeana* Trin.

大针茅 *Stipa grandis* P. A. Smirnov

锋芒草属 *Tragus* Hall.

虱子草 *Tragus berteronianus* Schult

菅属 *Themeda* Forssk.

黄背草 *Themeda triandra* Forssk.

三毛草属 *Trisetum* Pers.

贫花三毛草 *Trisetum pauciflorum* Keng

西伯利亚三毛草 *Trisetum sibiricum* Rupr.

102. 莎草科 Cyperaceae

三棱草属 *Bolboschoenus* (Aschers.) Pall.

荆三棱 *Bolboschoenus yagara* (Ohwi) Y. C. Yang et M. Zhan

薹草属 *Carex* Linn.

青绿薹草（青菅）*Carex breviculmis* R. Br.

白颖薹草（寸草） *Carex duriuscula* subsp. *rigescens* (Franch.) S. Yun Liang et Y. C. Tang

细叶薹草 * *Carex duriuscula* subsp. *stenophylloides* (V. I. Krecz.) S. Yun Liang et Y. C. Tang

点叶薹草（华北薹草）*Carex hancockiana* Maxim.

溪水薹草 *Carex forficula* Franch. et Sav.

宽叶薹草（崖棕）*Carex siderosticta* Hance

异鳞薹草 *Carex heterolepis* Bge.

异穗薹草 *Carex heterostachya* Bge.

大披针薹草 *Carex lanceolata* Boott

亚柄薹草 *Carex lanceolata* var. *subpediformis* Kukenthal

二柱薹草 *Carex lithophila* Turcz.

翼果薹草 *Carex neurocarpa* Maxim.

丝引薹草（疏穗薹草）*Carex remotiuscula* Wahlenb.

莎草属 *Cyperus* Linn.

香附子 *Cyperus rotundus* Linn.

水莎草 *Cyperus serotinus* Rottb.

荸荠属 *Eleocharis* R. Br.

槽秆荸荠 *Eleocharis mitracarpa* Steud.

沼泽荸荠 *Eleocharis palustris* (Linn.) Roem. et Schult.

扁莎属 *Pycreus* Beauv.

球穗扁莎 *Pycreus flavidus* (Retz.) T. Koy.

红鳞扁莎 *Pycreus sanguinolentus* (Vahl) Nees ex C. B. Clarke

水葱属 *Schoenoplectus* (Reich.) Pall.

萤蔺 *Schoenoplectus juncoides* (Roxburgh) Palla

水毛花 *Schoenoplectus mucronatus* subsp. *robustus* (Miquel) T. Koyama

水葱 *Schoenoplectus tabernaemontani* (C. C. Gmel.) Pall.

三棱水葱（藨草）*Schoenoplectus triqueter* (Linn.) Pall.

藨草属 *Scirpus* Linn.

东方藨草 *Scirpus orientalis* Ohwi

细莞属 *Isolepis* R. Brown

细莞（细秆藨草）*Isolepis setacea* (Linn.) R. Brown

103. 水鳖科 Hydrocharitaceae

黑藻属 *Hydrilla* Rich.

黑藻 *Hydrilla verticillata* (Linn. f.) Royle

茨藻属 ** *Najas* Linn.

草茨藻 * *Najas graminea* Delile

104. 天南星科 Araceae

菖蒲属 *Acorus* Linn.

菖蒲（白菖蒲）*Acorus calamus* Linn.

天南星属 *Arisaema* Mart.

一把伞南星 *Arisaema erubescens* (Wall.) Schott

半夏属 *Pinellia* Tenore.

半夏 *Pinellia ternata* (Thunb.) Breit.

虎掌 *Pinellia pedatisecta* Schott

斑龙芋属 *Sauromatum* Schott

独角莲 *Sauromatum giganteum* (Engl.) Cusim. et Hettersch.

105. 鸭跖草科 Commelinaceae

鸭跖草属 *Commelina* Linn.

鸭跖草 *Commelina communis* Linn.

竹叶子属 *Streptolirion* Edgew.

竹叶子 *Streptolirion volubile* Edgew.

106. 灯心草科 Juncaceae

灯心草属 *Juncus* Linn.

扁茎灯心草 *Juncus gracillimus* (Buch.) Krecz. et Gontsch.

107. 百合科 Liliaceae

葱属 *Allium* Linn.

野葱（黄花韭）*Allium chrysanthum* Regel

天蓝韭 *Allium cyaneum* Regel

薤白（羊胡子）*Allium macrostemon* Bge.

小山薤 *Allium pallasii* Murray

细叶韭 *Allium tenuissimum* Linn.

合被韭 *Allium tubiflorum* Rendle

茖葱（茖韭）*Allium victorialis* Linn.

知母属 *Anemarrhena* Bge.

知母 *Anemarrhena asphodeloides* Bge.

天门冬属 *Asparagus* (Tourn.) Linn.

攀援天门冬 *Asparagus brachyphyllus* Turcz.

兴安天门冬 *Asparagus dauricus* Link

羊齿天门冬（蕨叶天门冬）*Asparagus filicinus* D. Don

长花天门冬 *Asparagus longiflorus* Franch.

天门冬 *Asparagus cochinchinensis* (Lour.) Merr.

铃兰属 ** *Convallaria* Linn.

铃兰 * *Convallaria majalis* Linn.

顶冰花属 *Gagea* Salisb.

少花顶冰花 *Gagea pauciflora* (Turcz. ex Traut.) Ledeb.

小顶冰花 * *Gagea terraccianoana* Pascher

萱草属 *Hemerocallis* Linn.

小黄花菜 *Hemerocallis minor* Mill.

百合属 *Lilium* Linn.

山丹 *Lilium pumilum* Redout.

洼瓣花属 ** *Lloydia* Reichenbach

洼瓣花 * *Lloydia serotina* (Linn.) Reichenbach

舞鹤草属 *Maianthemum* Wigg.

舞鹤草 *Maianthemum bifolium* (Linn.) F. W. Schmidt

鹿药 *Maianthemum japonicum* (A. Gray) LaFrankie

沿阶草属 *Ophiopogon* Ker Gawler

沿阶草 *Ophiopogon bodinieri* Levl.

重楼属 *Paris* Linn.

北重楼 *Paris verticillata* Rieb.

黄精属 *Polygonatum* Mill.

卷叶黄精 *Polygonatum cirrhifolium* (Wall.) Royle

玉竹 *Polygonatum odoratum* (Mill.) Druce.

二苞黄精 *Polygonatum involucratum* (Franch. et Sav.) Maxim.

黄精 *Polygonatum sibiricum* Redoute

湖北黄精 *Polygonatum zanlanscianense* Pamp.

菝葜属 *Smilax* Linn.

鞘柄菝葜 *Smilax stans* Maxim.

糙柄菝葜 *Smilax trachypoda* J. B. Norton

108. 薯蓣科 Dioscoreaceae

薯蓣属 *Dioscorea* Linn.

穿龙薯蓣 *Dioscorea nipponica* Makino.

薯蓣 *Dioscorea polystachya* Turcz.

109. 鸢尾科 Iridaceae

射干属 *Belamcanda* Adans.

射干 *Belamcanda chinensis* (Linn.) Redoute

鸢尾属 *Iris* Linn.

野鸢尾 *Iris dichotoma* Pall.

马蔺 *Iris lactea* Pall.

紫苞鸢尾 *Iris ruthenica* Ker-Gawl.

细叶鸢尾 *Iris tenuifolia* Pall.

粗根鸢尾 * *Iris tigridia* Bge. ex Ledeb.

110. 兰科 Orchidaceae

头蕊兰属 *Cephalanthera* Rich.

银兰 *Cephalanthera erecta* (Thunb.) Bl.

头蕊兰 *Cephalanthera longifolia* (Linn.) Fritsch.

杓兰属 *Cypripedium* Linn.

毛杓兰 *Cypripedium franchetii* E. H. Wils.

绿花杓兰 * *Cypripedium henryi* Rolfe

掌裂兰属 *Dactylorhiza* Neck. ex Nevsk.

凹舌兰 *Dactylorhiza viridis* (Linn.) R. M. Batem.

火烧兰属 *Epipactis* Zinn.

火烧兰 *Epipactis helleborine* (Linn.) Crantz

斑叶兰属 *Goodyera* R. Brown

小斑叶兰 *Goodyera repens* (Linn.) R. Br.

角盘兰属 *Herminium* Linn.

角盘兰 *Herminium monorchis* (Linn.) R. Br.

羊耳蒜属 *Liparis* Rich.

羊耳蒜 *Liparis campylostalix* Rchb. f.

原沼兰属 *Malaxis* Soland. ex Sw.

原沼兰 *Malaxis monophyllos* (Linn.) Sw.

兜被兰属 *Neottianthe* (Reich.) Schltr.

二叶兜被兰 *Neottianthe cucullata* (Linn.) Schltr.

舌唇兰属 *Platanthera* Rich.

二叶舌唇兰 *Platanthera chlorantha* (Cust.) Reich.

蜻蜓兰 *Platanthera souliei* Kraenzl.

绶草属 *Spiranthes* Rich.

绶草 *Spiranthes sinensis* (Pers.) Ames